新創作！用「口感」來裝飾！

烘焙師必修！蛋糕甜點裝飾課

craive sweets kitchen
熊谷裕子　著

瑞昇文化

目次

使用本書時

關於材料

＊砂糖使用上白糖或晶粒砂糖都沒關係。如果指定使用「糖粉」「晶粒砂糖」時，請依照指示使用。
＊事先解凍後再使用冷凍果泥。
＊使用 L 尺寸雞蛋。參考標準為蛋黃 20g、蛋白 40g。
＊請使用動物性乳脂肪含量 35% 或 36% 的鮮奶油。
＊擀平麵團時使用手粉，原則上適合用高筋麵粉。沒有的話用低筋麵粉也行。
＊事先用指定份量的冰水將吉利丁粉泡開。如果用微波爐溶解使用則要加熱成液態，趁熱使用。吉利丁沸騰的話會變得很難凝固，所以請小心不要過度加熱。

關於工具

＊請使用符合容量的調理盆、打蛋器。量少時使用大型工具的話，有時候蛋白和鮮奶油無法順利打發。
＊事先將烤箱加熱到指定的溫度。
＊烘烤時間、溫度依家庭烤箱不同而有些許差異，所以請務必確認烤好的狀態並進行調整。本書中所記錄食譜以使用家庭用大小的瓦斯式傳導烤箱為基準。

關於甜點冷凍

＊冷凍並脫模的慕斯、巴伐利亞等，可以在冷凍的狀態下保存 2 個星期。包覆保鮮膜再放入密封袋中做好雙重防護，以防乾燥與沾染味道。
＊請將在冷凍狀態下完成的食譜，冷藏解凍 2~3 個小時後再享用成品。

關於打發鮮奶油

在打發鮮奶油前事先冰好，打發時也要連同調理盆一起邊泡冰水降溫邊打發。打發狀態的參考基準如下。

6 分發　提起打蛋器後會黏稠地滴落
7 分發　提起打蛋器後帶有彎角的程度
8 分發　提起打蛋器後立起尖角
9 分發　有堅固的硬度，開始出現毛邊

用口感裝飾，

為什麼要為蛋糕做裝飾呢？

除了將蛋糕裝飾得華麗且漂亮，原本的目的在於能讓人從外觀聯想到蛋糕的味道並且「做得更加美味」。

例如，在草莓口味的慕斯上裝飾新鮮的莓果，除了讓人聯想口味也增加水分感；在用了大量濃厚奶油的蛋糕上，裝飾香濃的堅果突顯口感；在苦澀的甘納許蛋糕上，擠出鬆軟滑順的奶油，可以調和味道和口感的平衡。靈活組合材料的「口感」並裝飾，讓蛋糕的滋味更豐富，進一步進化得更加美味。

裝飾的部位在蛋糕的最外側，所以入口時先碰到舌頭，會深深影響第一口味道的印象。不光只是外表，裝飾也是決定蛋糕整體美味程度的重要的部分。

在本書中，如堅果、水果、鮮奶油等素材，分別介紹不同素材「讓蛋糕變得更好吃的口感裝飾」，並搭配蛋糕食譜一起解說各種素材的特性，以及如何組合變得更加美味。

最近，那種顏色鮮艷、拍起來好看、像藝術作品一樣的裝飾變得很引人注目。

但是蛋糕終究還是食物。

從只有外表好看的裝飾畢業，一起做出把蛋糕製作得更加美味的「口感裝飾」吧！

比較看看

因裝飾影響美味程度的變化

在莓果口味的生乳酪蛋糕上，試做了兩種裝飾。
哪一種裝飾「看起來比較好吃」、可以想像得到蛋糕的口味呢？

兩款蛋糕的外觀都很漂亮，但上方的裝飾很難讓人聯想蛋糕的口味，口感也偏單一。
相反地，下方的裝飾，容易從外觀想像出莓果味，因為裝飾在上方的水果和鮮奶油，替風味和口感增添變化，是把蛋糕變得更美味的「口感裝飾」。

口感裝飾的 4 種效果

以焦糖堅果蛋糕「拉姆吉」(58 頁) 為例，
介紹口感裝飾為蛋糕帶來的效果。

Point 1

讓人聯想蛋糕的口味

蛋糕裡面放了滿滿的焦糖堅果。將烘烤過的核桃裝飾在蛋糕的表面上，就能擴大對蛋糕口味的想像。

Point 2

為口味增加豐富度

使用了牛奶甘納許做成光亮外皮，入口時會先碰到舌頭，給滋味帶來巨大的衝擊。剛剛好的苦甜，使香濃的焦糖味感受更加濃厚。

Point 3

讓外觀變美

只要在裝飾上增加金箔和巧克力裝飾，就能讓簡單的外表華麗變身。也提升高級感。

Point 4

口感的點綴

烘烤過的核桃的酥脆感，與外層甘納許的黏稠感組合在一起後，口感變得很複雜。最後放的巧克力裝飾也增加了薄脆口感。

並非使用單一部位完成口感裝飾，而是藉由組合好幾個部位，為口感與口味增加點綴，凸顯出蛋糕的美味程度。

依材料區分的口感裝飾技巧

用於裝飾的素材各有讓蛋糕變得美味的不同特徵。
符合目的並靈活區分使用，就是前往美味裝飾的捷徑。

1 用堅果點綴口感

帶有酥脆口感的堅果，能為慕斯或鮮奶油等口感偏向單一的蛋糕點綴。
另外，堅果的香濃風味帶出了蛋糕的溫和味道，也有讓巧克力或果仁糖的味道變得更加濃厚的效果。

・新鮮堅果的風味和口感都很差，所以先用烤箱烘烤後再使用。
・在堅果上裹砂糖或焦糖，再加工成脆皮 (23 頁) 或是焦糖杏仁酥 (19 頁)，也能強調香濃感與口感。

2 用鮮奶油擠花製造輕盈感

只要裝飾口感滑順又鬆軟的鮮奶油，就能做出有輕盈感的蛋糕。
連結塔皮或水果等不同口感的素材，也扮演讓味道呈現統一感的角色。
擠上大量鮮奶油後，也能讓外觀產生立體感。

・請選擇適合蛋糕的風味與口感的鮮奶油。
・區分使用擠花嘴來擠鮮奶油，能擴展設計的多樣性。用湯匙將鮮奶油挖成圓球擺放的「橄欖型奶油」(105 頁) 也很方便。

3 用外皮提升風味

用巧克力鏡面淋醬、甘納許等方式在蛋糕上加一層外皮後，會發揮和巧克力醬一樣的效果。鏡面果膠的外皮可以防止慕斯、巴伐利亞或切好的水果乾燥，在鏡面果膠中添加水果泥，也能加深味道。

- 為了不讓鏡面淋醬或甘納許的味道太重，請做成薄外皮，並調整味道的平衡。
- 除了直接使用透明的鏡面果膠，也能添加水果泥增加顏色與風味。

4 用水果增加水分

水果的水分和酸味帶出了蛋糕的味道。顏色鮮豔，同時凸顯外表的新鮮感與華麗感，也有讓人聯想到裡面放的內餡（填裝物）的效果。

- 以顏色與風味搭配蛋糕的口味，莓果味就用莓果類水果，檸檬風味就用柑橘類水果，用同類型的水果來裝飾吧。不適合放容易跑出水分的水果，因為隨時間經過容易使裝飾變形。
- 研究切法與裝飾方式，讓蛋糕看起來很水潤。請考慮整體的平衡，不要放太多。

5 將蛋糕體做成酥脆口感

酥餅或餅乾也能用於裝飾中，增加酥脆感與鬆軟感。作為放了很多慕斯或鮮奶油蛋糕的「口味轉換」。

- 蛋糕樸素外觀就會看起來很單調，所以請試著在形狀下點功夫，像是擠成水滴狀，或是用菊花模製作。
- 搭配蛋糕在麵糊中添加風味，提高味道的整體感。

Lesson 1

用堅果增加酥脆的口感裝飾

點綴香濃的風味與沙沙、脆脆的口感

香濃且口感酥脆的堅果是「口感裝飾」的代表性材料。組合了鮮奶油和慕斯的蛋糕很柔軟且偏向口感單調，所以光是在蛋糕上裝飾堅果，就能突出口感。

另外，凹凸不平的獨特形狀，也為設計帶來了衝擊感。除了堅果的口感很好，香濃感與濃厚的風味也很有魅力。堅果的濃厚感能成為帶出像香草這種風味溫和的蛋糕味道的角色，與咖啡、巧克力或果仁糖等材料加在一起，更進一步襯托出濃厚的滋味。

堅果的運用方式

1 用烤箱烘烤

新鮮的堅果口感較差、香濃感也很淡，所以先用 170~180 度的烤箱烤成適當的烤色後再使用。不過開心果烘烤後會變色，所以當裝飾使用時，泡熱水就能產生漂亮的綠色。

2 裹上砂糖 & 焦糖

像脆皮或焦糖杏仁酥一樣，裹糖衣或焦糖化後使用，能凸顯香濃感、美味的焦糖色和口感。

3 混入外皮當中

只要在淋面巧克力中混入切碎的堅果，就能增加顆粒口感，外觀看起來也更加美味。

塞勒涅

Selene

在草莓慕斯外用放了杏仁粒的草莓巧克力做成外皮。可以吃到慕斯的柔軟與淋面巧克力薄脆且輕盈的口感對照的小蛋糕。在慕斯裡裝酸甜的草莓果醬，替滋味增添變化。在上面裝飾鮮奶油與水果，呈現少女感。

材　料　材料長度 12 ㎝時尚閃電泡芙模具 4 條份

杏仁餅乾
- 蛋白……1 顆份
- 砂糖……30g
- 蛋黃……1 顆
- 低筋麵粉……27g
- 杏仁粉……10g

果醬（只從中取用 20g）
- 草莓（冷凍的也可以）……60g
- 紅酒……25g
- 砂糖……18g
- 果膠……3g

草莓慕斯
- 冷凍草莓果泥（解凍）……100g
- 砂糖……22g
- 檸檬汁……8g
- 吉利丁粉……4g
  （先用冰水 20g 泡開）
- 鮮奶油……60g

淋面用巧克力（較多量）
- 淋面巧克力（白）……150g
- 沙拉油……30g
- 杏仁碎……30g
  （先烘烤到稍微上色為止）
- 冷凍乾燥草莓粉……適量

裝飾
- 鮮奶油……70g
- 砂糖……6g
- 草莓……適量
- 紅醋栗（冷凍的也可以）……適量

※ 果醬可以使用市售的草莓果醬代替。
淋面用巧克力可以省略草莓粉做成白色淋面。

口感裝飾的 *Point*

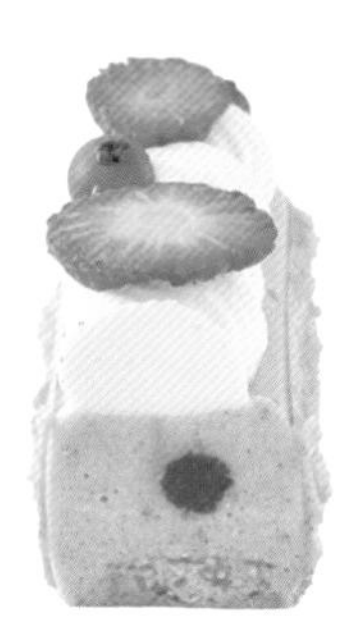

杏仁碎

混入巧克力中做成外皮，用顆粒感凸顯口感。

淋面巧克力

讓滋味變濃厚，也提高了設計感。添加沙拉油後，外皮就不會變得太硬，形成滑順且入口即化的口感。

鮮奶油

提升設計感。也擔任黏住蛋糕與水果、連結口感的角色。

莓果裝飾

可以從外觀聯想到草莓口味，也增加水分。

1 參考 110 頁「手指餅乾」將杏仁餅乾烤成薄片狀。在這個步驟將低筋麵粉連同杏仁粉一起過篩加入製作。用抹刀在烘焙紙上抹成約 22×24 cm大小，用 190 度的烤箱烤 8~9 分鐘。冷卻後從烘焙紙上取下，用附屬的較小的壓模壓出 4 片 (**照片 A**)。

Point	抹平時為了不過度消泡請一次性抹開，並注意不要重複抹好幾次。烤好後馬上從烤盤中移出，蓋上烘焙紙冷卻以防乾燥。

A

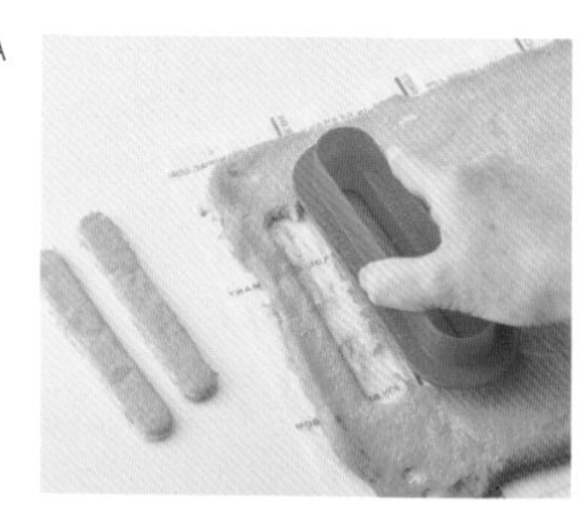

2 製作果醬。將切碎的草莓、紅酒放入小鍋中。

3 將砂糖和果膠混合在一起後加入，用中火邊攪拌邊熬煮 (**照片 B**)。開始變濃稠後關火冷卻，切碎。用調理機打也可以。

Point	熬煮得不夠久的話成品會充滿水分且無法結塊。先切碎是為了之後擠出時果肉不會阻塞。

B

4 製作草莓慕斯。在草莓泥中加入砂糖、檸檬汁攪拌，與泡開並用微波爐溶解的吉利丁混合在一起。

5 連同調理盆一起泡冰水增加一點濃稠度，加入打成 7 分發 (提起來立起彎角的程度) 的鮮奶油攪拌在一起 (**照片 C**)。

Point	如果太冰太過濃稠的話，脫模之後容易產生大氣泡。開始有點濃稠感就先停止。

C

6 組裝。將草莓慕斯倒入模具 7 分滿的位置 (約 35g)。提起模具在桌面上輕敲震出空氣。用抹刀或湯匙的背面將慕斯塗抹到模具的邊緣 (**照片 D**)。

Point	先將慕斯抹在模具的側面，之後擠出果醬時就很難沾到模具，或溢出外側。

D

7 將果醬裝入擠花袋中，剪下前端 7~8 mm。在模具的正中央擠入 1 條 (約 5g)(**照片 E**)。

Point	像埋進去一樣在慕斯裡擠到約一半深度，之後倒入慕斯後位置不容易跑掉，成品很漂亮。

E

8 將剩下的慕斯倒至 9 分滿，用抹刀或湯匙輕輕抹平表面。把脫完模的杏仁餅乾顛倒放上，壓到與模具齊高 (**照片 F**)。

Point	注意讓餅乾維持水平，並壓到和模具的高度一致。

F

9 蓋上保鮮膜，冷凍。凍好後將慕斯脫模，在裝飾前先放在冷凍庫中（**照片 G**）。

Point	如果沒有冷凍到完全變硬的話，就無法漂亮地從模具中取出。為了不在過程中開始融化，請一口氣迅速脫模。取出後建議先蓋上保鮮膜避免結霜。

10 裝飾。將淋面巧克力、沙拉油、杏仁碎加在一起隔熱水溶解。分次少量加草莓粉，攪拌並調成喜歡的色調（**照片 H**）。

Point	添加沙拉油後，能薄薄地淋在蛋糕上，冷卻凝固後口感也不會變得太硬。

11 將淋面巧克力移到細長的容器中。在結凍的慕斯上面叉好叉子，將淋面巧克力沾到慕斯的邊緣。上面則不沾（**照片 I**）。

Point	就算用少量的巧克力也能連同邊緣完整做成淋面，因此配合蛋糕的尺寸移到偏小的容器中。請注意如果直接放入大調理盆中，慕斯無法連同邊緣一起完整泡到。

12 馬上提起，用橡膠刮刀或抹刀刮平底部沾到的淋面（**照片 J**），放在鋪了透明墊或烘焙紙的板子上。

Point	由於淋面會馬上凝固，所以要迅速提起並將底部刮平。放在紙上時，水平放好慕斯，單手輕壓上面同時輕輕地拔掉叉子（**照片 K**）。

13 將裝飾用的鮮奶油與砂糖加在一起打成 8 分發（立起尖角的程度），放入裝好 14~16 齒星形花嘴的擠花袋中。在慕斯上擠成螺旋狀（**照片 L**）。

Point	避免向左右偏移，在正中央用相同力道擠成螺旋狀。也可以使用自己喜歡的花嘴。

14 將草莓切成圓片，與紅醋栗一起裝飾在上面（**照片 M**）。

Point	避免水果滑落而切成薄片，隨意裝飾。

G H I

J

K

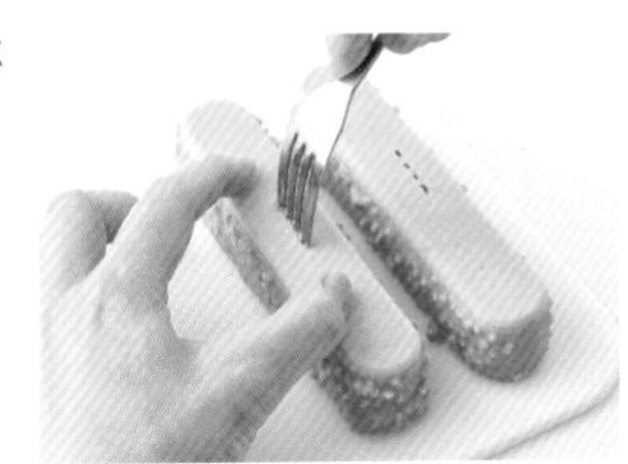

L

M

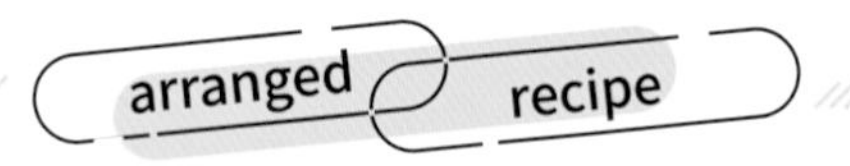

用簡單的圓形圈模做變化

原本的食譜使用了時尚閃電泡芙烤模這種特殊的模具，
但用傳統的圓形圈模做起來更簡單。

變化食譜的作法

直徑 5.5 cm、高度 4~5 cm的圓形圈模 4 個份

1 用與 13 頁相同的方式準備各個部位。用比圓形圈模小一圈的壓模壓出 4 片（底部用）杏仁餅乾，用小兩圈的小壓模壓出 4 片（中間用）杏仁餅乾。

2 在圓形圈模上鋪保鮮膜，用橡皮筋固定周圍製作底部。上下顛倒讓保鮮膜朝下，放在方盤上。

3 倒入草莓慕斯約 35g，用湯匙的背面塗抹到模具的邊緣，做成凹陷狀。

4 放中間用的餅乾並輕輕壓入，在正中央放果醬與適量的草莓丁（**照片A**）。

Point	圓形圈模有高度，所以在這個步驟放入草莓丁當成內餡，也在裡面夾入一片餅乾提升份量感。

5 將剩下的草莓慕斯分成 4 等分倒入，抹平。

6 將底部用的餅乾翻面平放並輕輕壓入（**照片 B**），冷凍凝固。參考 73 頁脫模，顛倒放入冷凍庫中。

7 用和 15 頁相同方式製作淋面巧克力，在慕斯上做淋面。上面不要泡到巧克力。（**照片 C**）。

8 馬上提起，用橡膠刮刀或抹刀刮平底部沾到的淋面（**照片 D**），放在鋪了透明墊或烘焙紙的板子上。輕壓上方並輕輕拔出叉子。

Point	由於淋面會馬上凝固，所以要迅速提起並將底部刮平。

9 將裝飾用的鮮奶油與砂糖加在一起打成 8 分發（立起尖角的程度），放入裝好羅蜜亞花嘴的擠花袋後擠在慕斯的上方（**照片 E**）。

Point	垂直拿著擠花袋，固定在離慕斯約 1 cm高的位置擠出。當鮮奶油擠到慕斯的直徑大小時就停止施力，連同擠花袋在正上方輕輕提起就能擠得很漂亮。秘訣在固定好的狀態下擠出。

10 裝飾草莓、覆盆莓、冷凍紅醋栗等水果。

A

B

C

D

E

羅蜜亞花嘴

羅蜜亞花嘴的正中央開了一個大洞，能擠成環狀。如果沒有羅蜜亞花嘴，用自己喜歡的花嘴做變化也OK。

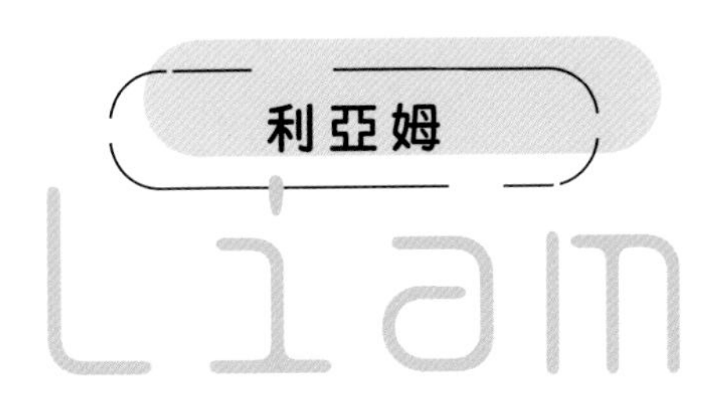

用加了杏仁的餅乾夾住了帕林內奶油醬，做成經典法式甜點「法式海綿蛋糕」的變化版。在原本用杏仁粒裝飾的地方，沾滿許多炒得香甜的大顆焦糖杏仁酥，在帕林內奶油醬裡增添咖啡風味。這是一款喜歡堅果的人無法抵擋，凸顯濃厚、脆硬口感的小蛋糕。

材　料　直徑 6 cm、高 2.5 cm的圓形圈模 4 個份

穆斯林奶油
- 牛奶……125g
- 蛋黃……1 顆
- 砂糖……30g
- 低筋麵粉……8g
- 不含鹽奶油……65g
- 榛果帕林內醬 ※……20g
- 即溶咖啡（粉末狀）……3g

蘭姆葡萄乾……適量

法式海綿蛋糕體 *
- 蛋白……40g
- 砂糖……18g
- 低筋麵粉……8g
- 榛果粉 ※……20g
- 杏仁粉……25g
- 糖粉……45g
- 糖粉（裝飾用）……適量

焦糖杏仁酥
- 砂糖……30g
- 水……少許
- 杏仁碎……40g

裝飾
- 防潮糖粉……適量
- 巧克力裝飾（參考 75 頁）或用蛋糕插卡……適量

※ 榛果帕林內醬、榛果粉分別可用杏仁帕林內醬、杏仁粉取代。

＊法式海綿蛋糕（法文原文為「succès」）指將法式蛋白霜混合 1:1 的杏仁粉與糖粉做成的海綿蛋糕，口感與達可瓦茲相似。

焦糖杏仁酥

將杏仁碎做成香甜的焦糖狀即為焦糖杏仁酥。緊貼黏在鮮奶油的周圍後，點綴酥脆的口感，進一步襯托帕林內醬的堅果風味以及咖啡的苦味。重點在充分拌炒到變成深金黃色。

製作方法

1 製作穆斯林奶油。參考 111 頁煮卡士達醬，降溫到 20 度左右。分 2 次加入在室溫下軟化過的奶油 (**照片 A**)，每次都要用手持式攪拌機充分攪拌，打入空氣直到變白、變鬆軟。

> **Point** 卡士達醬如果很熱奶油會融化且沒有空氣，太冰則奶油會分離，變成有顆粒感的穆斯林奶油。混合前的溫度很重要。

2 充分攪拌榛果帕林內醬和即溶咖啡，加入步驟 **1** 中攪拌 (**照片 B**)。

> **Point** 充分乳化並黏在打蛋器尾端之後加入帕林內與咖啡。添加咖啡給帕林內增加了苦澀味，讓堅果的風味更明顯。

3 在方盤上鋪保鮮膜，放圓形圈模。將步驟 **2** 的穆斯林奶油放入裝好 10 ㎜圓形花嘴的擠花袋中，把一半份量擠入圓形圈模。

4 在中心處放 5~6 顆蘭姆葡萄乾，將剩下的穆斯林奶油分成 4 等分擠出並抹平 (**照片 C**)。但留下約 1 小匙裝飾用奶油。放在冰箱冷藏凝固。

5 製作法式海綿蛋糕體。打發蛋白，過程中分 2 次加入砂糖，做成堅硬的蛋白霜。

6 將低筋麵粉、榛果粉、杏仁粉、糖粉一起過篩加入，由下往上大幅度地小心拌匀 (**照片 D**)。沒有殘粉後即結束攪拌 (**照片 E**)。

> **Point** 小心攪拌過度會消泡，出爐後會塌掉或變硬。蛋白霜還有一點不均勻也 OK。

7 放入裝好 10 ㎜圓形花嘴的擠花袋中，擠出 8 片 6 ㎝的圓盤狀。從上方灑大量糖粉 (**照片 F**)。

> **Point** 麵糊的形狀直接關係到蛋糕的美麗程度，所以請擠成漂亮的圓形。在紙上畫好直徑 6 ㎝的圓形後，往上放烘焙紙就很方便擠出。先灑好大量糖粉，讓成品的表面變酥脆，擠花也不容易塌掉。

A

B

C

D

E

F

8 用 180 度的烤箱烤 17~18 分鐘左右。放涼後輕輕從紙上取下 (**照片 G**)。

Point	將裡面也完全烤到上色，重點在充分烤到酥脆又香甜。

G

9 組裝。參考 73 頁脫模，用 2 片法式海綿蛋糕體夾起來 (**照片 H**)。放入密封容器中防止乾燥，冷藏靜置 1 天。

Point	夾起來放 1 天後，穆斯林奶油的水分會移到法式海綿蛋糕體中變得濕潤，融合了蛋糕體與奶油的口感變得更加美味。

H

10 製作焦糖杏仁酥。將砂糖和水煮滾並煮到濃縮，開始變得黏稠時關火加入杏仁碎。

11 持續攪拌到均勻裹上糖漿，當糖漿開始結晶反白並反砂後，再次打開中火 (**照片 I**)。

Point	請注意糖漿熬煮得不夠久無法形成結晶。結晶後整體會開始反砂。

I

12 攪拌均勻同時炒到香濃上色為止，放在烘焙紙上，盡量攤開放涼。注意如果沒有先攤開會黏住並變得很難取下 (**照片 J**)。

Point	充分炒到均勻上色後增加香甜感，讓濃厚的穆斯林奶油與法式海綿蛋糕體取得平衡。注意不要燒焦。

J

13 用手輕輕剝開焦糖杏仁酥，按壓並均勻黏在穆斯林奶油的側面 (**照片 K**)。

Point	很大顆的焦糖杏仁酥輕輕剝開後再壓。最後用手整個包起，緊緊壓住側面的焦糖就能順利黏住。

K

14 用糖粉篩或濾茶網在上面灑防潮糖粉。在中心部位灑一點糖粉，擠出少量之前剩下的穆斯林奶油當成黏著劑，用巧克力裝飾或蛋糕插卡裝飾。(**照片 L**)

L

蘇西・M

Susie.M

在檸檬卡士達塔上，放芒果與鳳梨並裝大量的鮮奶油，再均勻沾滿杏仁脆皮。脆皮只是簡單的裝飾，但卻是對味道來說不可或缺的部位。酥脆的塔皮、充滿酸味清爽的檸檬卡士達醬、水分多的水果、滑順的奶油與香甜的脆皮合而為一，完成味道與口感的絕妙和諧。

材　料　直徑 7.5 ㎝、高度 2.5 ㎝塔模 4 個份

甜塔皮

不含鹽奶油	35g
糖粉	25g
蛋黃	1 顆
低筋麵粉	70g

卡士達醬

牛奶	125g
蛋黃	1 顆份
砂糖	30g
低筋麵粉	8g
鮮奶油	20g
檸檬汁、皮	1/3 顆份

脆皮

砂糖	25g
水	15g
杏仁碎	40g
芒果、鳳梨	皆適量

香緹鮮奶油

鮮奶油	100g
砂糖	8g

裝飾

防潮糖粉	適量
芒果、糖煮金柑	皆適量
細葉香芹等香草	適量

脆皮

凸顯卡士達醬與鮮奶油的滑順口感。帶出香濃的風味。

水果裝飾

為外觀增加華麗感與新鮮感，能讓人聯想到裡面裝的配料。使用與裡面的配料同色系的水果。

製作方法

1 烤基底的塔皮。參考 111 頁製作甜塔皮，冷藏靜置 1 個小時以上。分成 4 等分，每個分別灑手粉（份量外）再用擀麵棍擀成比模具大一圈的圓形。鋪入塔模中，水平切掉邊緣（**照片 A**）。用叉子在底部均勻戳洞，冷藏靜置 30 分鐘左右。

A

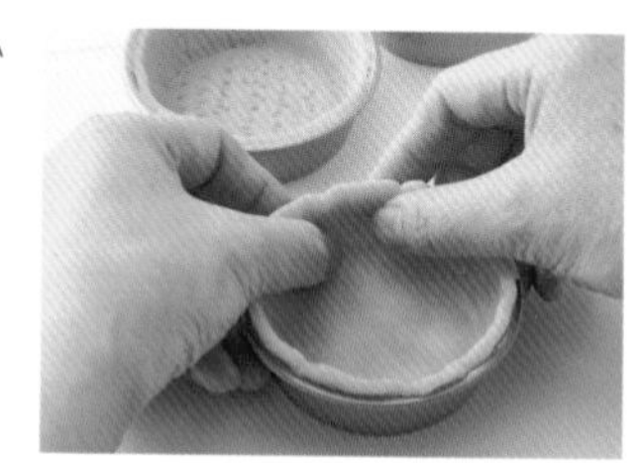

2 放鋁杯，將重石鋪到與邊緣的高度。用 180 度的烤箱烤 13~15 分鐘，輕輕取下重物（**照片 B**）。

Point	在生的麵團上倒卡士達醬烤的話很難烤熟，烤好的成品會變得很生，所以先空烤至 7 分熟左右。

B

3 參考 111 頁製作卡士達醬，加入鮮奶油、檸檬汁、削下的外皮攪拌在一起（**照片 C**）。

Point	接下來會倒入塔裡烤，所以剛煮好的卡士達醬不用冷卻也行。

C

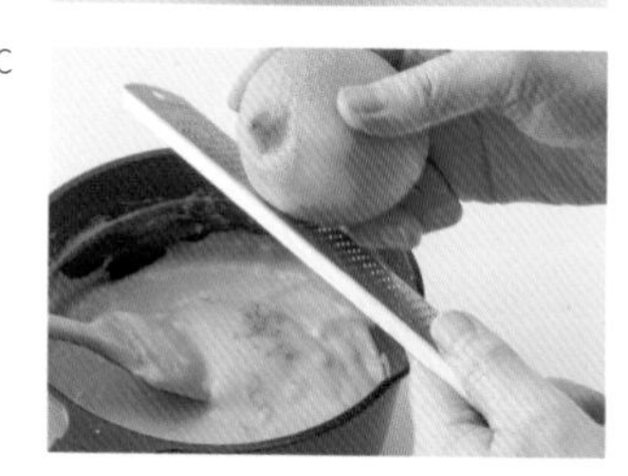

4 將卡士達醬分成 4 等分倒入空烤過的塔皮中（**照片 D**）。用 180 度的烤箱烤 12~15 分鐘，放涼後脫模。

Point	卡士達醬烤到沒有明顯上色就行。烤好的參考基準是卡士達醬輕輕膨脹的程度。剛出爐時很柔軟，所以一定要充分放涼後再脫模。

D

5 製作脆皮。將砂糖和水煮滾並煮到濃縮，開始變得黏稠時關火加入杏仁碎。

6 持續攪拌到均勻裹上糖漿，當糖漿開始結晶反白並反砂後，再次打開中火（**照片 E**）。

Point	請注意糖漿熬煮得不夠久無法形成結晶。結晶後整體會開始反砂。

E

7 攪拌均勻同時炒到微微上色，放在烘焙紙上，鋪開放涼（**照片 F**）。

Point	這款蛋糕想要強調水果感，所以不要炒得太香，而是停留在輕微上色的程度。

F

8 組裝。將芒果、鳳梨的果肉切成 1.5 ㎝丁狀，放在塔的正中央。

9 在鮮奶油中加入砂糖打發，打到 8~9 分發（立起堅硬的尖角，開始出現一點毛邊的程度）。放入裝好 10 ㎜圓形花嘴的擠花袋中，從外側開始畫螺旋並擠成圓頂狀（**照片 G**）。

Point	鮮奶油太軟的話形狀容易變形，所以請好好打發後再使用。開始擠時塔皮的邊緣不要碰到鮮奶油，用鮮奶油完全覆蓋水果。

G

10 用手取脆皮，壓在鮮奶油上均勻包覆。最後用手包起來並輕壓脆皮，整理形狀 (**照片 H**)。

Point	小心不要用手壓得太大力，讓脆皮陷入奶油當中。緊緊黏住不掉落的程度。

11 用糖粉篩或濾茶網灑防潮糖粉，裝飾切好的水果、香草 (**照片 I**)。

Point	為了可以讓人聯想到裡面放入的水果，用芒果或同色系的水果裝飾。

H

I

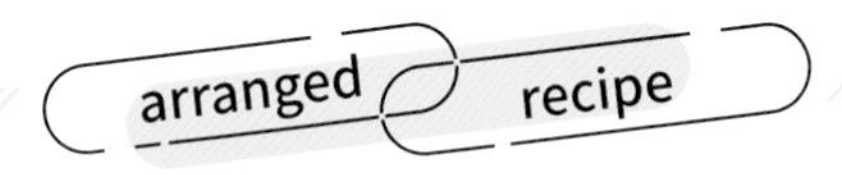

變換季節水果增加多樣性

檸檬風味的卡士達奶油、鮮奶油、堅果的組合不會太搶眼，和大部分的水果都很相配，所以請一定要變換成自己喜歡的水果享用看看。

不過，像切好的柑橘類等水分很多的水果，或新鮮的蘋果等口感很硬的蘋果則不適合。建議使用莓果類這種可以一整顆裝飾，或草莓和香蕉這種切完後不太會跑出水分的水果。罐頭水果請在切好後用廚房紙巾包住一段時間，擦乾水分後再使用。

秋天時也很推薦混合葡萄或無花果等當季水果。春天版本裡面的配料用草莓，裝飾則是組合數種莓果做成華麗的裝飾。

席勒

Schiele

乍看之下以為是傳統的蒙布朗，其實是一款充滿微苦味的升級版「大人版小蛋糕」。將基底的塔皮做成咖啡風味，在鮮奶油中使用楓糖粒，帶出栗子奶油的甜味。裝飾則把焦糖化的香濃榛果裝飾在上方。硬脆、需要用力咬的口感和苦味帶出蛋糕的味道，同時也為設計增加點綴。

材　料　直徑 7 cm高度 1.6 cm塔模 4 個份

甜塔皮
（這裡只取用 1/2 的量）
- 不含鹽奶油……35g
- 糖粉……25g
- 蛋黃……1 顆
- 低筋麵粉……70g

杏仁奶油醬
- 不含鹽奶油……20g
- 砂糖……20g
- 全蛋……20g
- 杏仁粉……20g
- 即溶咖啡……2g

栗子澀皮煮……4 顆

楓糖鮮奶油
- 鮮奶油……80g
- 楓糖粒……10g

焦糖榛果
- 砂糖……20g
- 水……少許
- 榛果（先切成大塊）……40g

栗子奶油
- 栗子泥（法國沙巴東*）……200g
- 不含鹽奶油……20g
- 牛奶……25 ～ 30g

裝飾
- 巧克力裝飾（參考 74 頁）、金箔噴霧……皆適量

※ 依製造商不同栗子泥的硬度有所差異，所以太硬時增加少量牛奶調整。

口感裝飾的 *Point*

焦糖榛果

將切成大塊的焦糖榛果黏在塔皮的邊緣，堅果的香甜味、硬脆的口感、凹凸不平的形狀，凸顯出風味與設計。

製作方法

1 烤基底的塔皮。參考 111 頁製作甜塔皮，冷藏靜置 1 個小時以上。只使用一半的份量，所以剩下的部分請先冷凍保存。分成 4 等分，每個分別灑手粉（份量外）再用擀麵棍擀成比模具大一圈的圓形。鋪入塔模中，水平切掉邊緣。用叉子在底部均勻戳洞，冷藏靜置 30 分鐘左右（**照片 A**）。

2 製作杏仁奶油醬。按照順序在呈鮮奶油狀的奶油中加入砂糖、打散的全蛋、杏仁粉，每次都要充分攪拌。加入即溶咖啡混合在一起。在步驟 **1** 的塔皮麵團上各放 20g 杏仁奶油醬（**照片 B**）。

> **Point** 因為最後擠出的栗子奶油甜味很重，所以在杏仁奶油醬裡添加咖啡的香濃感與苦味，融合整體口味。

3 用 180 度的烤箱烤 15~20 分鐘左右。散熱之後脫模，放涼（**照片 C**）。

4 用廚房紙巾將栗子澀皮煮的水分擦乾，太大的切成一半。

5 在鮮奶油中加入楓糖粒打發，打到 8~9 分發（立起堅硬的尖角，開始帶有一點點毛邊的程度）。鮮奶油如果太軟組裝後形狀容易變形，所以請先打發完全。

6 組裝。將楓糖鮮奶油放入裝好 10 ㎜圓形花嘴的擠花袋中，在塔皮正中央擠出少量，將栗子澀皮煮黏上並固定。

7 從上方各擠 15~20g 楓糖鮮奶油並擠成山的形狀（**照片 D**），用抹刀整理形狀。放入冰箱冷藏。

> **Point** 楓糖鮮奶油的形狀會深深影響蛋糕的成品，所以請小心不要讓擠花偏移。上方如果太尖就無法順利擠出栗子奶油，所以在整理形狀時，請先將上方稍微抹平（照片 E）。

8 製作焦糖榛果。將砂糖和水煮滾並煮到濃縮，開始變得黏稠時關火加入切成大塊的榛果。

9 持續攪拌到均勻裹上糖漿，當糖漿開始結晶反白並反砂後，再次打開中火（參考 21 頁「焦糖杏仁酥」）

10 攪拌均勻同時炒到香濃上色為止，在烘焙紙上攤開放涼（**照片 F**）。

> **Point** 充分炒到均勻上色後，就會產生硬脆的口感，能和甜度高的栗子奶油取得平衡。

A

B

C

D

E

F

11 製作栗子奶油。將栗子泥用食物調理機打散。

12 加入在室溫下軟化過的奶油，打到變得滑順為止。分次少量加入牛奶，每次都要按下食物調理機並打成滑順的泥狀（**照片 G**）。放入調理盆中，攪拌均勻。

Point	如果栗子泥有顆粒的話，擠出時會塞在花嘴中無法順利擠出。先將栗子泥仔細剝散，每次加奶油、牛奶時都要好好打勻。在過程中用橡膠刮刀等工具攪拌食物調理機底部殘留的奶油，使整體均勻。

13 放入裝好蒙布朗花嘴的擠花袋中。從邊緣開始擠 2 圈半（**照片 H**）。將奶油擠到塔的最邊邊。將基底轉 90 度，用相同方式從邊緣開始擠 2 圈半（**照片 I**）。

Point	擠花秘訣是不要貼著花嘴擠，而是拿在上面一點的位置，由上往下像讓奶油垂落一樣地擠。擠出時維持相同的力道，以避免奶油產生皺摺，粗細一致擠得更漂亮。

14 冷藏靜置約 30 分鐘，讓奶油變硬。用蛋糕抹刀等工具輕輕去除垂落的奶油，像用手包起一樣輕壓奶油的下方，並整理形狀（**照片 J**）。

Point	輕壓並整理奶油尾端翹起的部分。注意不要壓太大力讓擠花變形。 冷藏後再操作的話栗子奶油冷卻變硬，變得很難處理。

15 在塔皮與栗子奶油的交界處黏上一圈焦糖榛果（**照片 K**）。黏上巧克力裝飾，將金箔噴霧噴灑在巧克力裝飾上（**照片 L**）。

Point	沒有巧克力裝飾時用濾茶網過篩防潮糖粉，將栗子澀皮煮放在上方也可。

濃厚滑順

酥脆

G

H

I

J

K

L

擠出奶油做裝飾，這是每個人都想像得到的蛋糕代表性裝飾。

除了提升份量將外觀裝飾得很漂亮以外，增加奶油的滑順口感也可以讓滋味濃厚的蛋糕變輕盈，或是連結塔皮與水果等不同口感的部位，很常運用在口感裝飾中。以基本的鮮奶油和奶油霜為代表，其他還有濃厚的穆斯林奶油、香緹巧克力等，奶油的種類很豐富。配合蛋糕的風味與口感，來挑選奶油的種類吧。

運用鮮奶油的方式

1 連結不同部位的口感

將烤得香濃的塔皮與水分多的水果組合在一起時，光是這樣口感與風味就非常不同，給人分開吃的感覺。在中間夾入奶油後，滑順的口感連結了兩個部位，做出有整體感的味道。重點在於選擇與兩者都很搭配的奶油風味。

2 為口感增加點綴

在組合了餅乾、果凍、慕斯的蛋糕上擠大量的滑順奶油，增加口感的多樣性，變成不會膩的複雜口感。另外，擠奶油也能讓蛋糕增加高度，增添份量感。

3 強調蛋糕的風味

在栗子口味的巴伐利亞上擠栗子奶油，只要擠上相同風味的奶油，就能從外觀聯想口味。更進一步強化了蛋糕的風味，做成濃厚的滋味。

祖母綠

Émeraude

在放入蔓越莓烤好的塔上，擠了大量與莓果的酸味很搭的開心果鮮奶油，並裝飾鮮奶油與新鮮的莓果。漂亮的綠色鮮奶油搭配白色的鮮奶油與紅素的莓果，是一款很吸睛的華麗法式蛋糕。搭配有厚重感的塔皮口感，在開心果鮮奶油中加奶油，做成濃厚、滑順且入口即化的穆斯林奶油。

材　料　　直徑 15 cm塔圈 1 個份

甜塔皮

- 不含鹽奶油……35g
- 糖粉……25g
- 蛋黃……1 顆
- 低筋麵粉……70g

杏仁奶油醬

- 不含鹽奶油……35g
- 砂糖……35g
- 全蛋……35g
- 杏仁粉……35g
- 蘭姆酒……2g

蔓越莓乾……20g

覆盆莓果醬……約 20g

草莓……中型 4 ～ 5 顆

穆斯林奶油

- 牛奶……85g
- 蛋黃……1 顆
- 砂糖……25g
- 低筋麵粉……6g
- 不含鹽奶油……40g
- 開心果泥……15g

香緹鮮奶油

- 砂糖……5g
- 鮮奶油……50g

裝飾

- 草莓、覆盆莓、冷凍紅醋栗……皆適量

鮮奶油

在開心果鮮奶油的鮮豔綠色中當成重點擠花，做成清爽的配色。

開心果穆斯林奶油

在卡士達奶油中加入奶油後打發做成穆斯林奶油，濃厚同時帶有恰到好處的輕盈，與厚重的塔皮非常相配。連結水果和塔皮，使味道產生整體感。

莓果裝飾

裝飾在濃厚的奶油與塔皮的上方，酸味與高水分成為味道與口感的點綴。也有讓人聯想到塔裡放了莓果的效果。

製作方法

1 烤基底的塔皮。參考 111 頁製作甜塔皮，冷藏靜置 1 個小時以上。灑手粉（份量外）並用擀麵棍擀成比模具大一圈的圓形。在烘焙紙上放塔圈，將甜塔皮鋪進去，水平切掉邊緣（**照片 A**）。冷藏靜置 30 分鐘左右。

2 製作杏仁奶油醬。按照順序在室溫下軟化過的奶油中加入砂糖、打散的全蛋、杏仁粉、蘭姆酒，每次都要充分攪拌。

3 在烤盤上放洞洞烤墊（網狀的烘焙紙），放步驟 **1** 的塔皮。灑蔓越莓乾，倒入並抹平杏仁奶油醬（**照片 B**）。

Point	鋪上洞洞烤墊再烤，塔皮麵團就不會在烘烤過程中浮起，多餘的油脂也會滴落烤得很酥脆。沒有洞洞烤墊時則和烘焙紙一起放在烤盤上烤。這時請用叉子在底部均勻戳洞後，放蔓越莓和杏仁奶油醬。

4 用 180 度的烤箱烤 25~35 分鐘左右，散熱後取走塔圈，再完全放涼（**照片 C**）。

5 製作穆斯林奶油。參考 111 頁製作卡士達醬，放入調理盆中泡冰水，降溫到 20 度左右。分 2 次加入軟化過的奶油（**照片 D**），每次都要用手持式攪拌機的中速充分攪拌。

Point	請注意如果卡士達醬很熱奶油會融化且沒有空氣，變成容易變形的厚重奶油。相反地太冰奶油則會分離且有顆粒感。混合前的溫度很重要。

6 充分攪拌讓奶油變白，開始黏在打蛋器尾端時即完成原味的穆斯林奶油（**照片 E**）。

Point	攪拌後奶油中充滿空氣，變得鬆軟。攪拌到提起打蛋器後立起尖角為止。萬一產生顆粒感的話，連同調理盆一起稍微加熱，攪拌後會變滑順並乳化。但是，請小心太熱的話奶油會融化好不容易打入的空氣會消失。

7 加入開心果泥再次攪拌，增添風味（**照片 F**）。

A

B

C

D

E

F

8 組裝。在步驟 **4** 的塔中心抹開覆盆莓果醬，在果醬上方鋪好切成 7~8 ㎜厚的草莓片（**照片 G**）。

9 將穆斯林奶油放入裝好 14~16 齒星形花嘴的擠花袋中。用另一個調理盆打發砂糖和鮮奶油，打成 8 分發（立起堅硬的尖角程度）的香緹鮮奶油，放入裝好 10 ㎜圓形花嘴的擠花袋中。

10 在塔上隨意擠上穆斯林奶油。建議擠成有大有小的擠花。（**照片 H**）。

11 在空隙處擠入香緹鮮奶油（**照片 I**）。

Point	兩種擠花都要垂直拿著擠花袋，固定擠花袋的位置後擠出，在正上方直接輕輕提起就能擠得很漂亮。盡量隨意擠成不同大小，擠成沒有空隙的份量。

12 當配色變得不平衡時，請從上方再擠好幾個穆斯林奶油調整（**照片 J**）。

13 灑上切成橫切片的草莓、覆盆莓、冷凍紅醋栗等自己喜歡的莓果來裝飾。

Point	從尺寸較大的裝飾開始放（照片 K），用小裝飾填補空隙並取得平衡讓成品更加漂亮（照片 L）。

G

H

I

J

K

L

只有穆斯林奶油的濃厚版本
&
換成櫻桃變化成水果塔

將塔皮的尺寸縮小，不擠鮮奶油而是只用穆斯林奶油和莓果做成塔（照片右）增加濃厚感，推薦給喜歡開心果的人。如果草莓季過了，也可以將水果換成美國櫻桃（照片左）。這是放了滿滿櫻桃的單人份水果塔做法。除了櫻桃，覆盆莓也很適合。

開心果穆斯林奶油塔

1　使用直徑 12 ㎝的塔圈用和 34 頁相同方式烤基底（**照片 A**）。製作 7 成份量的杏仁奶油醬。放覆盆莓果醬、草莓切片。

2　按照 33 頁的份量製作穆斯林奶油。放入裝好 14~16 齒星形花嘴的擠花袋中。從塔的外側開始擠成螺旋狀（**照片 B**）。內側也用相同的方式擠。

3　在中心擺放切成一半的草莓，在上方將穆斯林奶油擠成螺旋狀（**照片 C**）。切水果裝飾。

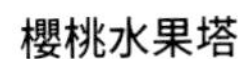

Point　在中間夾入草莓，也擠了大量奶油，讓基底上方呈現山的形狀。

櫻桃水果塔

1　將甜塔皮分成 8 等分，分別鋪入直徑 7 ㎝、高度 1.6 ㎝的 8 個塔模中，水平切掉邊緣。

2　灑適量蔓越莓乾，將杏仁奶油醬分成 8 等分放入。用 180 度烤 15~20 分鐘，脫模後完全放涼（**照片 D**）。

3　將穆斯林奶油放入裝好偏大的 8 齒星形花嘴的擠花袋中，少量擠在塔的中心，將切成一半的美國櫻桃圍成一圈黏在穆斯林奶油周圍（**照片 E**）。

4　在中心擠穆斯林奶油（**照片 F**），裝飾帶梗櫻桃即完成。

A

B

C

D

E

F

18 齒星形花嘴

鋸齒狀切口數很多的星形花嘴，擠花的線條很細緻，能做出不同於復古的 8 齒型這種切口數很少的花嘴的造型。想要擠大量擠花時，就選擇偏大的尺寸吧。

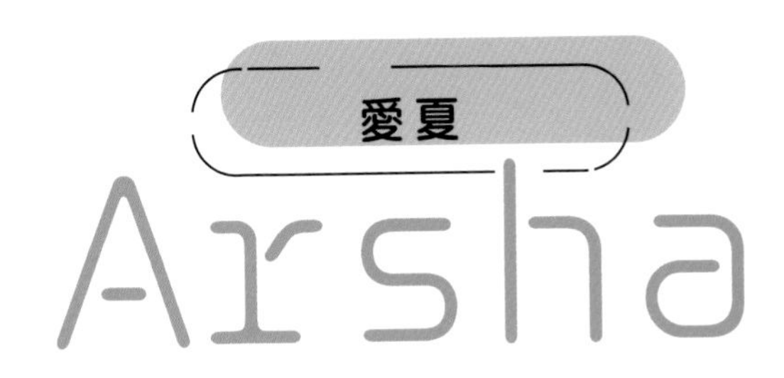

放了蛋白霜的鬆軟白巧克力慕斯，搭配酸度高的百香果果凍、柳橙果肉的熱帶法式蛋糕。白巧克力容易讓人覺得太甜，但加蛋白霜做成輕盈的慕斯後，在口中迅速化開，變成夏天也覺得很美味的清爽滋味。再將鮮奶油擠在上面當裝飾，口感會變得更滑順。裝飾新鮮的柑橘果肉，成品的外觀也很清爽。

材　料　單邊 7 cm、直徑約 15 cm、高度 5 cm六角圈模 1 個份
（也可以用直徑、高度差不多的圓形圈模）

手指餅乾
- 蛋白……1 顆份（40g）
- 砂糖……30g
- 蛋黃……1 顆
- 低筋麵粉……30g
- 糖粉……適量
- 防潮糖粉……適量

百香果果凍
- 冷凍百香果泥（解凍）……50g
- 砂糖……10g
- 吉利丁粉……2g（先加入冰水 10g 泡開）

白巧克力慕斯
- 白巧克力……70g（先切碎，或使用巧克力豆）
- 牛奶……65g
- 吉利丁粉……5g（先加入冰水 25g 泡開）
- 橙皮屑……1/4 顆份
- 君度酒……5g
- 蛋白……35g
- 砂糖……15g
- 鮮奶油……90g
- 柳橙果肉……35g（只切下果肉，切成小塊）

香緹鮮奶油
- 鮮奶油……110g
- 砂糖……10g

裝飾
- 防潮糖粉……適量
- 水果（糖煮金柑、柳橙等）……適量
- 巧克力裝飾（參考 74 頁）、金箔……皆適量

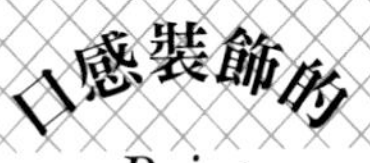

鮮奶油

使用聖多諾黑花嘴裝飾增加高度，提升外觀的份量。擠大量鮮奶油，強調滑順感。

水果裝飾

用和裡面放的水果同色系的柑橘來裝飾，可以讓人聯想蛋糕的口味。

手指餅乾

用手指餅乾將冰涼的慕斯圍起來，轉換口味並增加鬆軟酥脆的口感。

製作方法

1 參考 110 頁烤手指餅乾。在烘焙紙上用 7 ㎜圓形花嘴擠出 24×8 ㎝的側面用餅乾，以及和圈模相同大小的六角形底部用餅乾。用濾茶網灑大量糖粉在側面用餅乾上，用 180 度的烤箱烤 9~10 分鐘 (**照片 A**)。烤好後馬上從烤盤中移出，蓋上烘焙紙放涼以防止乾燥。翻面輕輕取下烘焙紙，翻回正面放好。

Point	擠側面用餅乾時，用好像讓擠花們黏在一起又沒有黏在一起的間隔來擠，烤好後的線條很明顯。灑大量糖粉，能讓擠花的線條變得不容易塌陷。

2 將側面用餅乾切成 2 條 3 ㎝寬的長條狀，將兩邊切齊成直線。用濾茶網在上面輕灑防潮糖粉 (**照片 B**)，將烤面朝外用兩條餅乾在模具的側面鋪成一圈。稍微調整長度。

Point	灑防潮糖粉讓餅乾變得不容易黏在模具上。將側面用的餅乾切成長條，塞得緊一點餅乾就不會搖晃，做出漂亮成品。

3 將底部用的餅乾切小一圈，鋪入並剛好卡在側面用餅乾的內側 (**照片 C**)。

4 製作百香果果凍。在百香果泥中邊攪拌邊加入砂糖、泡開並用微波爐溶解的吉利丁。連同調理盆一起泡冰水，降溫增加濃稠度 (**照片 D**)。

Point	夾在慕斯之間，所以要先做成較稠的濃度。

5 製作白巧克力慕斯。用微波爐加熱切碎的白巧克力和一半份量的牛奶，加熱後用打蛋器充分攪拌溶解。

6 按照順序加入剩下的牛奶、泡開並用微波爐溶解過的吉利丁粉、橙皮屑、君度酒。連同調理盆一起泡冰水，降溫並增加些許濃稠度 (**照片 E**)。

Point	放了白巧克力和吉利丁後容易冷卻凝固，所以只要稍微有點濃度之後，就從冰水中拿起來。要是太硬的話請稍微加熱軟化。

7 打發蛋白，過程中分 2 次加入砂糖，每次都要充分打發做成堅硬的蛋白霜。在另一個調理盆打發鮮奶油，打成 8 分發 (立起堅硬的尖角程度)。在蛋白霜中加入鮮奶油，大略混合 (**照片 F**)。

Point	要是油脂跑入蛋白霜中，就會變得容易消泡，所以和剛打好的鮮奶油混合時大約混合一半程度就好。

A

B

C

D

E

F

8 在步驟 **6** 中加入一半份量的步驟 **7**，用打蛋器攪拌在一起。加入剩下的部分，快速混合好後最後用橡膠刮刀均勻拌在一起（**照片 G**）。

Point	這個步驟也是為了避免蛋白霜過度消泡，最後快完全拌勻時即結束攪拌。

9 組裝。在步驟 **3** 的模具中倒入白巧克力慕斯 140g，用湯匙的背面塗抹到模具的邊緣。攤開放上用廚房紙巾擦乾水分的柳橙果肉，輕輕壓入。（**照片 H**）。

Point	為了避免之後放入的果凍從蛋糕旁溢出，所以先將慕斯抹在模具的側面。

10 從上方倒入白巧克力慕斯 40g，大略抹平。

11 攤開平鋪百香果果凍（**照片 I**），倒入剩下的慕斯（**照片 J**），用刮刀將邊緣刮平並抹平上面。放在冰箱充分冷藏凝固。

12 裝飾。參考 73 頁脫模。混合鮮奶油與砂糖後打成 8 分發（立起堅硬的尖角程度），放入裝好聖多諾黑花嘴（15 ㎜型）的擠花袋中。從慕斯的邊緣朝向內側擠出一點弧度（**照片 K**），內側也用相同方式往中心擠。

Point	擠花時，斜拿擠花袋的話無法擠出足夠份量，所以重點在於垂直拿著擠。在慕斯上擠大量鮮奶油，就能增加份量、強調慕斯的滑順口感。

13 用糖粉篩或濾茶網均勻灑上防潮糖粉。切開糖煮金柑並用廚房紙巾完全擦乾水分，和柳橙果肉一起裝飾（**照片 L**）。添加巧克力裝飾、灑金箔即完成。

Point	裝飾酸甜的柑橘和橙色的水果後，可以讓人想像出蛋糕裡面的風味。

G

H

I

J

K

L

科黛

Corday

在伯爵杏仁麵團與放入覆盆莓烤成的水果塔上，擠了大量牛奶巧克力鮮奶油，並裝飾新鮮的莓果。巧克力鮮奶油不只襯托伯爵與覆盆莓的風味，還能連結香濃的塔皮與水嫩的水果的口感，引導出有整體感的滋味。

材　料　直徑 7.5 cm、高度 2.5 cm塔模 4 個份

甜塔皮

- 不含鹽奶油……35g
- 糖粉……25g
- 蛋黃……1 顆
- 低筋麵粉……70g

茶香杏仁奶油醬

- 不含鹽奶油……35g
- 砂糖……35g
- 全蛋……35g
- 杏仁粉……35g
- 伯爵茶茶葉（打碎的茶葉）……3g

內餡

- 冷凍覆盆莓……25g
- 低筋麵粉……1/2 小匙左右

茶香甘納許

- 牛奶巧克力……20g
  （先切碎，或使用巧克力豆）
- 鮮奶油……13g
- 紅茶粉……2g

香緹巧克力歐蕾

- 牛奶巧克力……80g
  （先切碎，或使用巧克力豆）
- 鮮奶油……80g

裝飾

- 覆盆莓、黑莓……皆適量
- 巧克力裝飾（參考 75 頁）、金箔噴霧……皆適量

香緹巧克力歐蕾

不會太淡、也不會太苦的牛奶巧克力鮮奶油與伯爵非常相配。不只襯托了風味，也能連結塔皮與水果的不同口感，產生整體感。也有提升外觀份量的效果。

莓果裝飾

讓外觀看起來有華麗感，同時也能聯想到塔中所放的莓果。咬下後的水分也凸顯了滋味。

1 烤基底的塔皮。參考 111 頁製作甜塔皮，冷藏靜置 1 個小時以上。分成 4 等分，每個分別灑手粉 (份量外) 後用擀麵棍擀成比模具大一圈的圓形。鋪入塔模中，水平切掉邊緣。用叉子在底部均勻戳洞，冷藏靜置 30 分鐘左右。

2 製作茶香杏仁奶油醬。按照順序在室溫下軟化過的奶油中加入砂糖、打散的全蛋、杏仁粉、伯爵茶茶葉，每次都要充分攪拌。

Point	用攪拌機將伯爵茶茶葉打碎加入，或使用茶包的細碎茶葉也行。

3 在步驟 **1** 的塔上各放茶香杏仁奶油醬 35g(**照片 A**)。

4 製作內餡。輕輕剝開冷凍覆盆莓，沾滿低筋麵粉 (**照片 B**)。分成 4 等分放在步驟 **3** 的塔中心 (**照片 C**)。

Point	不須解凍直接使用覆盆莓。沾滿低筋麵粉形成麵粉外皮，烤好後就不會太濕潤，更容易烤熟杏仁奶油醬。也可以放少量覆盆莓果醬取代內餡。

5 用 180 度的烤箱烤 25 分鐘左右 (**照片 D**)。散熱後脫模，放涼。

6 製作茶香甘納許。將所有材料放入容器中，用微波爐加熱。開始沸騰之後取出，用打蛋器攪拌使其乳化，做成滑順的甘納許。放冰箱冷藏增加濃度 (**照片 E**)，分成 4 等分放在塔的中心 (**照片 F**)。

Point	剛做好的甘納許很軟，很快放在塔上的話會散開，所以請降溫並增加濃度後再放。為了不讓之後從擠好的巧克力歐蕾香緹的下方溢出而放在正中央。

7 製作巧克力歐蕾香緹。隔水加熱融化牛奶巧克力，調節到 40~45 度左右。將鮮奶油打成 7 分發 (提起來立起彎角的程度)(**照片 G**)。

A

B

C

D

E

F

G

8 加入鮮奶油一半份量的巧克力，馬上用打蛋器攪拌好（**照片 H**）。

9 加入剩下的一半份量，大略攪拌之後（**照片 I**），換成橡膠刮刀攪拌均勻（**照片 J**）。

Point	請注意如果牛奶巧克力的溫度很低，或是鮮奶油打發得太硬的話巧克力歐蕾香緹的成品會變得有顆粒感。如果鮮奶油太軟擠出時會塌陷。用打蛋器攪拌過度的話會有顆粒，所以大略攪拌之後請換成橡膠刮刀。

10 放入裝好 12~14 齒星形花嘴的擠花袋中，在塔的邊緣用畫小圓的方式擠出 5 個「玫瑰擠花」（**照片 K**）。

11 在中心擠出一個玫瑰擠花（**照片 L**）。將中心的擠花擠得比周圍更高 1 層。放入冷藏 10~20 分鐘左右，讓香緹鮮奶油稍微冷卻凝固。

Point	重點是擠出夠多香緹鮮奶油來連結塔皮與水果。要是馬上放水果的畫擠花會變形，所以建議稍微冰過後再放。

12 裝飾莓果類、巧克力裝飾、金箔後即完成（**照片 M**）。

H

I

J

K

L

M

結合了栗子巴伐利亞、鮮奶油以及澀皮煮等滿滿都是栗子的小蛋糕。在簡單的構造中，藏了一點點牛奶巧克力甘納許，凸顯栗子的風味，同時讓風味變得更豐富。最後擠了濃厚的栗子奶油，不只讓裝飾更美麗，也扮演突出栗子味道的角色。

材　料　直徑 6 cm、高度 3.5 cm圓形圈模 4 個份

巧克力餅乾
- 蛋白……1 顆份
- 砂糖……30g
- 蛋黃……1 顆
- 低筋麵粉……28g
- 可可粉……5g

浸泡液（先加在一起）
- 蘭姆酒……8g
- 水……10g

甘納許
- 牛奶巧克力……9g
  （先切碎，或使用巧克力豆）
- 鮮奶油……6g

栗子巴伐利亞
- 蛋黃……1 顆
- 砂糖……8g
- 牛奶……60g
- 吉利丁粉……3g
  （先加入冰水 15g 泡開）
- 栗子泥……45g
- 蘭姆酒……4g
- 鮮奶油……70g

栗子澀皮煮……40g
（切成丁狀，用廚房紙巾先擦乾）

栗子奶油
- 栗子泥……75g
- 不含鹽奶油……15g
- 牛奶……15g

裝飾
- 鏡面果膠（非加熱型）……適量
- 即溶咖啡……適量
- 巧克力裝飾（參考 75 頁）……適量

※ 請選擇非加熱型鏡面果膠。本書中使用法國產品「ROYAL MIROIR NEUTRE」。

栗子奶油

用奶油與牛奶將栗子泥稀釋後再用濃厚的鮮奶油強調栗子風味，用「蒙布朗花嘴」擠，讓外觀也呈現栗子蛋糕的感覺。

咖啡鏡面果膠

產生奢華的配色與光澤感。中心不塗抹以避免最後裝飾的栗子奶油滑落。

製作方法

1 參考 110 頁「手指餅乾」將巧克力餅乾烤成薄片狀。在這個步驟將低筋麵粉連同可可粉一起過篩加入製作。用抹刀在烘焙紙上抹成約 20×24 cm大小，用 190 度的烤箱烤 8~9 分鐘。冷卻之後翻面取下烘焙紙，翻回正面用圓形圈模(底部用)，以及直徑約 4 cm的圓形壓模各壓出 4 片餅乾。

Point	抹成薄片狀時為了不要過度消泡請一次性抹開，不要重複抹好幾次。烤好後馬上從烤盤中移出，蓋上烘焙紙冷卻以防乾燥。

2 用刷毛沾浸泡液塗抹在底部用餅乾上，鋪入模具的底部(**照片** A)。

3 製作甘納許。用微波爐加熱牛奶巧克力與鮮奶油，開始沸騰後馬上攪拌做成甘納許。直接放涼。

Point	降溫並增加濃度，之後比較好夾在一起。

4 製作栗子巴伐利亞用的英式蛋奶醬。用調理盆混合砂糖與蛋黃。用小鍋將牛奶煮沸，加入調理盆中混合在一起，倒回小鍋。

5 開小火，邊攪拌邊加熱到稍微有濃稠感為止(**照片 B**)。關火，加入泡開的吉利丁溶解。

Point	加熱到 82~83 度。請注意加熱不夠會有蛋腥味，加熱過度或火太強，蛋會凝固分離。

6 將栗子泥加入調理盆中剝開，分 3 次加入步驟 **5** 的英式蛋奶醬，每次都要充分攪拌至滑順(**照片** C)。連同調理盆一起泡冰水邊攪拌邊降溫，稍微變得濃稠之後加入蘭姆酒。

7 將打到 7 分發的鮮奶油(提起來立起彎角的程度)分 2 次攪拌在一起(**照片 D**)。

8 組裝。將栗子巴伐利亞倒入約 35g 到步驟 **2** 的模具中，用湯匙的背面塗抹在模具的邊緣。在正中央的凹陷處放栗子澀皮煮(**照片** E)。

Point	為了不讓放在裡面的澀皮煮和甘納許凸出去外側，先在模具的內側抹好巴伐利亞。

9 用刷毛沾浸泡液塗抹在中間用餅乾的兩面上，放在正中央輕輕壓入。將甘納許分成 4 等分放上(**照片 F**)。

Point	非常少量，但濃厚的甘納許可以襯托並點綴栗子的風味。

A

B

C

D

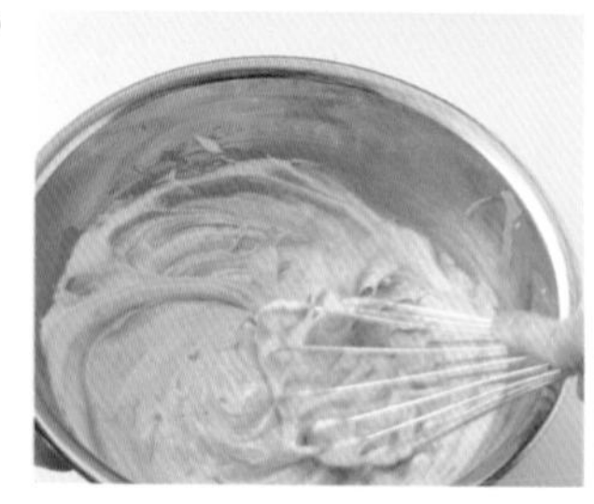

E

F

10 倒入並抹平剩下的栗子巴伐利亞（**照片 G**），放在冰箱冷藏凝固。

11 參考 29 頁製作栗子奶油，放入調理盆中，攪拌到均勻。放入裝好蒙布朗花嘴的擠花袋中。

Point	如果鮮奶油中殘留栗子泥的顆粒，會塞在花嘴中無法順利擠出，所以事先充分攪拌很重要。

12 離玻璃紙或烘焙紙上約 1 cm高的位置直直垂落擠出。不須空出間隔黏在一起並擠成 11×11 cm大小（**照片 H**），冷凍。

Point	請注意如果擠花中有空隙，脫模時會崩壞。事先在玻璃紙上薄塗一層栗子奶油，擠在上方就不太會失敗。擠花時，不要讓擠花重疊不均勻、增加厚度。

13 在變硬的巴伐利亞上塗抹鏡面果膠。請不要塗正中央，只塗周圍即可。用抹刀隨意沾取以少量的水溶解好的濃即溶咖啡（**照片 I**）。參考 73 頁脫模。

Point	正中央也塗鏡面果膠的話，之後放栗子奶油變得容易滑落，所以只塗周圍即可。

14 用直徑 4.3 cm（5 號）的圓形壓模壓冷凍好的栗子奶油（**照片 J**）。

15 在巴伐利亞的正中央放栗子奶油，用指尖輕壓使其脫模（**照片 K**）。放巧克力裝飾即完成（**照片 L**）。

Point	如果栗子奶油開始融化會變得很難脫模，所以重點是迅速脫模並輕輕從模具中推出。要是沒有巧克力裝飾用蛋糕插卡也可。

G

H

I

J

K

L

運用斷面變化成細長狀蛋糕

按照順序在長方形的圈模中堆疊巴伐利亞、甘納許、餅乾後切開。
想做成漂亮的斷面，適合使用從下層開始堆疊最後上下顛倒的「顛倒技巧」。
最後在上面擠出 1 條栗子奶油裝飾，讓細長的線條更加明顯。

埃米爾 Amir

變化食譜的作法

15×10 ㎝、高度 5 ㎝長方形圈模 1 個份

1 用與 47 頁相同的方式準備各個部位。但栗子巴伐利亞、栗子澀皮煮則準備 1.5 倍份量。

2 用相同方式烤巧克力餅乾，切成 2 片與圈模一樣的大小。在圈模上鋪保鮮膜並用橡皮筋固定，製作底部。倒入栗子巴伐利亞 200g，抹平後放冷藏讓表面凝固。

> **Point** 想要製作漂亮的分層，重點是將第 1 層的巴伐利亞平整地倒入。混合鮮奶油前如果太冰濃度增加，就很難倒得平整，所以建議變涼後就混合鮮奶油，做成倒入模具後能自然地變得平整的軟硬度。

3 用刷毛沾浸泡液塗抹在餅乾的表面上，將冷卻後增加了一點濃度的甘納許塗抹在正面（**照片 A**）。翻面重疊在步驟 **2** 的巴伐利亞上（**照片 B**），沾浸泡液塗抹在餅乾的背面。

> **Point** 倒入巴伐利亞後馬上放餅乾的話可能會打亂分層，所以請務必要讓巴伐利亞的表面凝固後再放。

4 將剩下的栗子巴伐利亞中，倒入一半份量大略抹平，均勻灑上切碎的栗子澀皮煮（**照片 C**）。倒入剩下的所有巴伐利亞，抹平。沾浸泡液塗抹在餅乾表面上，翻面放置，放在冰箱冷藏凝固。

5 翻面撕掉表面的保鮮膜，薄塗一層鏡面果膠。用抹刀隨意塗抹泡得很濃的即溶咖啡上色（**照片 D**）。參考 73 頁脫模，分成 5 等分。

> **Point** 切開蛋糕時，用瓦斯爐的火將刀加熱再切，每次都用紙巾擦拭刀刃。

6 將栗子奶油放入裝好蒙布朗花嘴的擠花袋中，在蛋糕的上面擠出 1 條。用刀或抹刀靠在花嘴前端切掉擠花末端即可（**照片 E**）。

7 放冰箱冷藏 15~20 分鐘，用刀切掉凸出的部分（**照片 F**）。裝飾蛋糕插卡、金箔。

> **Point** 擠花時離蛋糕約 1 ㎝高的位置向下垂，用輕拉的感覺擠就能擠成筆直的直線。切掉凸出的部分時，先冰過一次讓奶油變硬後更好切。

A

B

C

D

E

F

Lesson 3

用外皮做成有光澤感的口感裝飾

看起來美味同時提升風味

在慕斯或水果的表面添加看起來帶有美味光澤的鏡面淋醬或甘納許等外皮素材。雖然容易讓人覺得目的只在於將外觀做得漂亮，但其實入口時外皮最先碰到舌頭，所以也會大幅影響蛋糕的口味與口感。技巧不佳或濃度調整不適當的話，就無法做出漂亮的外皮，做得太厚會破壞整體的口味平衡。配合蛋糕本體的風味靈活選擇素材，調整成適當的濃度做出薄薄的外皮是美感與美味的秘訣。

運用外皮素材的方式

1 巧克力鏡面淋醬

在可可粉或巧克力中加入砂糖和水分熬煮成巧克力鏡面淋醬，滑順且容易做得薄透，帶有適當的苦味。這是在淋面外皮中最容易做出光澤感的素材。

2 甘納許

將鮮奶油溶解在巧克力中做成甘納許，可以直接感受到巧克力的風味，是一種讓蛋糕的口味升級的淋面外皮素材。有黏度，口感也很黏稠所以也產生濃厚感。能做出沉穩的顏色與恰到好處的晶亮感。

3 鏡面果膠

接近無臭無味的鏡面果膠，不會影響蛋糕或水果的顏色和風味而增添光澤，發揮防止乾燥的作用。另外，只要加入水果泥或色素就能輕易改變顏色和風味，可以輕鬆擴展出多樣性。

百靈

Braun

用透亮的歐蕾鏡面淋醬為焦糖巧克力慕斯加上外皮，再擠上咖啡鮮奶油做出奢華感。慕斯當中藏有與焦糖巧克力絕配的香蕉，並把濃厚的布朗尼當作基底。有嚼勁的布朗尼、滑順的鏡面淋醬與慕斯、鬆軟輕盈的鮮奶油的口感對比，是一款很有魅力的法式蛋糕。

材　料　直徑 16 cm塔圈 1 個份

巧克力歐蕾慕斯
（使用直徑 12 cm圓形圈模）
- 砂糖……30g
- 水……15g
- 鮮奶油……40g
- 吉利丁粉……2g
（先加入冰水 10g 泡開）
- 牛奶巧克力……35g
- 鮮奶油……70g

香蕉……40g
（7~8 mm切片 7 片）

布朗尼（使用直徑 16 cm塔圈）
- 苦巧克力（可可脂含量 65~70%）……50g
- 不含鹽奶油……20g
- 牛奶……25g
- 砂糖……15g
- 全蛋……25g
- 低筋麵粉……18g
- 泡打粉……1g

巧克力歐蕾鏡面淋醬
（容易製作的份量）
- 砂糖……60g
- 水麥芽……50g
- 水……35g
- 鮮奶油……45g
- 吉利丁粉……5g
（先加入冰水 25g 泡開）
- 牛奶巧克力……40g
- 苦巧克力（可可脂含量 65~70%）……20g

咖啡鮮奶油
- 鮮奶油……70g
- 砂糖……6g
- 即溶咖啡……1g 弱

裝飾
- 巧克力裝飾（參考 74 頁）、金箔噴霧……皆適量

※ 先將巧克力切碎或使用巧克力豆。

口感裝飾的 *Point*

巧克力歐蕾鏡面淋醬

不只讓成品產生美麗的光澤，也增加了滑順的口感與牛奶巧克力的溫和風味。也有防止慕斯表面乾燥的效果。

咖啡鮮奶油

減緩布朗尼與慕斯的苦澀風味，用奶油感調整口感的均衡。也讓外觀產生華麗感與份量感。

製作方法

1　製作巧克力歐蕾慕斯的焦糖醬。將砂糖和水倒入小鍋中，開中火。熬煮並燒成深焦糖色後，關火分 2 次混合加熱過的鮮奶油 40g(**照片 A**)，做成焦糖醬。停止沸騰後加入泡開的吉利丁溶解。

Point	添加巧克力和鮮奶油後使風味變淡，所以先燒成偏濃的焦糖。操作時開抽風機並小心燙傷。

2　趁焦糖醬還熱時，分 2 次加入切碎的牛奶巧克力。每次都用打蛋器攪拌，溶解巧克力。

3　降溫到室溫之後，分 2 次將打到 7 分發的鮮奶油 (提起來立起彎角的程度)70g 攪拌在一起 (**照片 B**)。

Point	最後攪拌過頭的話慕斯會變得很乾燥，所以剛好拌勻就停止攪拌。

4　在圓形圈模上鋪保鮮膜並用橡皮筋固定，製作底部。倒入巧克力歐蕾慕斯約 120g。擺放香蕉 (**照片 C**)，倒入剩下的慕斯並抹平。

5　放入冷凍充分冷卻凝固，參考 73 頁脫模 (**照片 D**)。包覆保鮮膜後再次放入冷凍庫。

Point	結凍狀態在之後做鏡面淋醬時比較方便操作。建議用保鮮膜緊緊包好，以避免結霜或沾到冷凍異味。

6　烤布朗尼。混合苦巧克力和奶油後隔水加熱或用微波爐加熱，充分攪拌溶解。按照順序加入加熱好的牛奶、砂糖、全蛋，每次都要攪拌。

7　混合低筋麵粉與泡打粉後過篩加入，用橡膠刮刀均勻攪拌到沒有殘粉為止。

8　用鋁箔紙包裹塔圈的底部製作底部，倒入布朗尼麵糊抹平。用 180 度的烤箱烤 10 分鐘左右。冷卻後將刀插入烤模與麵糊之間脫模 (**照片 E**)，翻面當成蛋糕的基底。

9　製作巧克力歐蕾鏡面淋醬。將砂糖、水麥芽、水、鮮奶油倒入鍋中，開中火攪拌。等水麥芽溶解、開始沸騰後關火，加入泡開的吉利丁用餘溫溶解。

A

B

C

D

E

10 將 2 種切碎的巧克力放入調理盆，每次加入 1/4 份量的步驟 **9**，每次都要用打蛋器充分攪拌溶解 (**照片** F)。

Point	注意一次性加入液體的話無法乳化，分離後做不出漂亮的成品。分次少量添加，攪拌到完全均勻後再加下一次。剛開始巧克力沒有完全溶解，但分次少量添加最後就會溶解完畢。

11 將歐蕾鏡面淋醬連同調理盆一起泡冰水，用橡膠刮刀輕輕攪拌降溫。攪拌到暫時殘留在橡膠刮刀的尾端的濃稠度 (**照片** G)。

Point	濃度很淡、太稀的話，淋到慕斯上後外皮會太薄看得到慕斯。相反地濃度太濃的話則會太厚。做成稍微偏高的濃度可以連同夾心一起做成漂亮的淋面外皮。

12 在放了網架的方盤上放巧克力歐蕾慕斯，用抹刀輕抹邊角製造一點角度。

13 一口氣淋上變濃的巧克力歐蕾鏡面淋醬 (**照片** H)，用抹刀快速抹平上面 (**照片** I)。馬上提起網架輕輕地上下搖晃，抖落多餘的淋醬。

Point	在冰涼的慕斯上淋上淋醬後會馬上開始凝固，所以操作要快速。理想是不會透過去看見慕斯，並且盡可能做成薄的外皮。做成厚皮的話鏡面淋醬的味道會太重。

14 用抹刀輕輕抬起，放在布朗尼的正中央 (**照片** J)。

15 製作咖啡鮮奶油。在鮮奶油中加入砂糖、即溶咖啡，打發成 8 分發，大約是立起尖角的程度。放入裝好聖多諾黑花嘴 (20㎜型) 的擠花袋中，在慕斯的側面擠成一圈 (**照片** K)。

Point	垂直拿著擠花袋，擠成相同大小、固定的角度。也可以用圓形花嘴或星形花嘴等，自己喜歡的花嘴來擠。重點在讓整體蛋糕增加份量。

16 在中心擠出一點剩下的咖啡鮮奶油，立起巧克力裝飾 (**照片** L)。在中心放獎章的片狀巧克力裝飾 (蛋糕插卡也可以)，噴灑金箔噴霧。

F

G

H

I

J

K

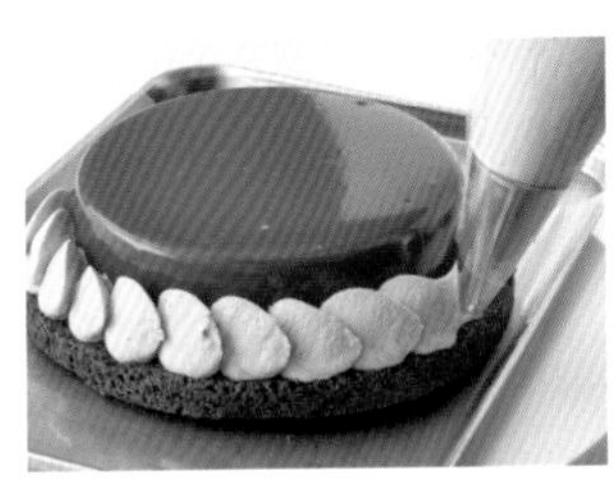

L

拉姆吉

Ramji

在核桃與蘭姆葡萄乾外裹上微苦的焦糖醬後放在塔上，用牛奶巧克力甘納許做成外皮。把塔皮做成咖啡風味，焦糖充分燒焦，做成稍微苦澀的大人滋味。雖然視線容易停留在有衝擊感的形狀與晶亮的視覺刺激上，鋸齒狀的塔皮、香濃的堅果與濃稠的甘納許組合成複數的口感，讓滋味帶有不同的層次感。

材　料　直徑 7.5 ㎝、高度 2.5 ㎝塔模 4 個份

甜塔皮
- 不含鹽奶油……35g
- 糖粉……25g
- 蛋黃……1 顆
- 低筋麵粉……70g

杏仁奶油醬
- 不含鹽奶油……30g
- 砂糖……30g
- 全蛋……30g
- 杏仁粉……30g
- 即溶咖啡……3g

蘭姆葡萄乾……30g

焦糖
- 砂糖……40g
- 水……20g
- 鮮奶油……30g
- 不含鹽奶油……7g

核桃……35g

蘭姆葡萄乾……10g

咖啡鮮奶油
- 不含鹽奶油……50g
- 糖粉……10g
- 即溶咖啡……1g
- 蘭姆酒……2~3g

甘納許
- 牛奶巧克力……60g
  （先切碎，或使用巧克力豆）
- 鮮奶油……40g

裝飾
- 核桃……適量
- 巧克力裝飾（參考 74 頁）、金箔……皆適量

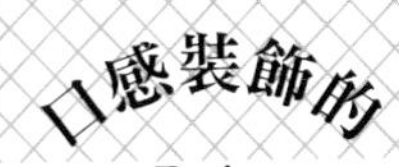

Point

牛奶巧克力甘納許

牛奶巧克力不會太苦的濃郁風味，與焦糖、咖啡、核桃很搭配，也強調了甘納許濃稠的口感與濃厚感。做成厚外皮的話巧克力的味道會太重，形狀也變歪斜，所以做成薄外皮。

核桃裝飾

淋面之後就看不見配料，所以把一眼就能看出的核桃當作裝飾使用。

製作方法

1 烤基底的塔皮。參考 111 頁製作甜塔皮。靜置於冰箱 1 個小時後分成 4 等分，每個分別灑上手粉（份量外）後用擀麵棍擀成比模具大一圈的圓形。鋪入塔模中，水平切掉邊緣（**照片 A**）。用叉子在底部均勻戳洞，冷藏靜置 30 分鐘左右。

2 製作杏仁奶油醬。按照順序在室溫下軟化過的奶油中加入砂糖、打散的全蛋、杏仁粉，每次都要充分攪拌。加入即溶咖啡攪拌。

3 在步驟 **1** 的塔皮麵團上灑蘭姆葡萄乾，分成 4 等分放杏仁奶油醬（**照片 B**）。

4 用 180 度的烤箱烤 20~25 分鐘左右，散熱之後脫模放涼（**照片 C**）。

5 製作焦糖。將砂糖和水倒入小鍋中，開中火。熬煮並燒成較深的焦糖色後，關火分 2 次混合加熱過的鮮奶油（**照片 D**）。

Point	想要讓焦糖產生些微苦感，所以重點在於將焦糖充分燒焦。操作時開抽風機，並小心燙傷。

6 放入調理盆，降溫後加入放在室溫下軟化過的奶油並攪拌在一起。

Point	為了不讓奶油遇熱融化，請等焦糖完全冷卻後再加入。

7 組裝。用 180 度的烤箱將核桃烘烤 8~10 分鐘左右烤出香氣。裝飾用核桃也一起先烤好。切成大塊，和蘭姆葡萄乾一起加入焦糖中攪拌（**照片 E**）。

8 分成 4 等分放在塔上，用抹刀整理成山的形狀（**照片 F**），放冷凍冰 15 分鐘左右讓形狀固定。

A

B

C

D

E

F

9 製作咖啡鮮奶油。按照順序在室溫下軟化過的奶油中加入糖粉、用蘭姆酒溶解的即溶咖啡（**照片 G**）。薄塗在步驟 **8** 的焦糖的部分上，整理成圓錐狀（**照片 H**）。再次放在冷凍中冰 30 分鐘左右讓形狀固定。

Point	將咖啡鮮奶油在塔的邊緣刮平，不要超出去。冰好後更容易製作外皮。

10 製作甘納許。用微波爐加熱牛奶巧克力與鮮奶油，開始沸騰後用打蛋器充分攪拌使其乳化（**照片 I**）。

Point	為了不讓氣泡跑入甘納許中，請輕輕地攪拌。攪拌到均勻為止，散熱後再使用。

11 將塔上下顛倒泡入甘納許中，讓淋面沾到靠近塔皮的邊緣。顛倒滴落多餘的甘納許（**照片 J**），朝上放置（**照片 K**）。

Point	做出漂亮成品的秘訣是垂直拿著塔，沾取甘納許，再垂直地提起來。注意如果沒有先滴落多餘的甘納許再朝上的話，甘納許會垂落到塔皮的部分。

12 將切碎的核桃黏在塔皮與外皮的交界處，用巧克力裝飾、金箔來裝飾（**照片 L**）。

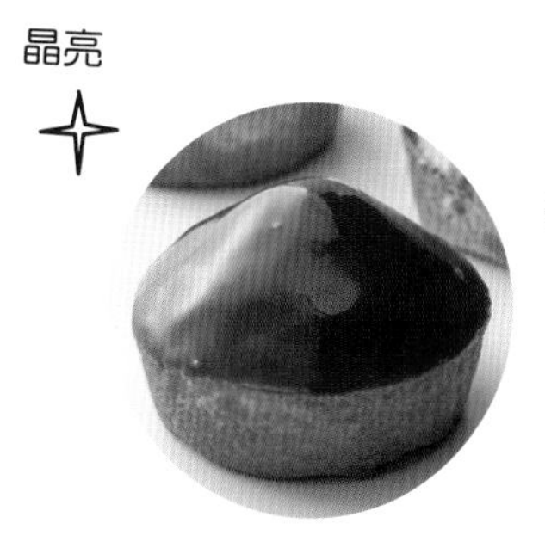

G

H

I

J

K

L

薩菲亞

Saffha

在草莓味的生乳酪中放入酸甜的莓果泥，用透明的鏡面果膠做成晶亮的外皮。是一款有少女感、帶有春天色彩的小蛋糕。雖然構造簡單，但上方裝飾的巧克力磚帶有脆硬的口感，以及擠了大量的鮮奶油的滑順感，增加了口感點綴。最後配上用塑形巧克力製作的櫻花花瓣，完成了更有春天感的裝飾。

材　料　直徑 7 cm的石頭模具 8 個份

手指餅乾
- 蛋白……1 顆份
- 砂糖……30g
- 蛋黃……1 顆
- 低筋麵粉……30g

綜合莓果果凍
- 草莓泥……35g
- 覆盆莓泥……30g
（也可以用草莓泥代替）
- 砂糖……10g
- 吉利丁粉……2g
（先加入冰水 10g 泡開）

草莓生乳酪
- 奶油乳酪……100g
- 砂糖……40g
- 原味優格……50g
- 草莓泥……90g
- 吉利丁粉……6g
（先加入冰水 30g 泡開）
- 鮮奶油……100g

冷凍紅醋栗……適量

裝飾
- 鏡面果膠（非加熱型）……適量
- 白巧克力裝飾（參考 74 頁）……8 片
- 鮮奶油……100g
- 砂糖……10g
- 冷凍紅醋栗……適量
- 塑形巧克力裝飾（參考 75 頁）……適量

※ 請選擇非加熱型鏡面果膠。本書中使用法國產品「ROYAL MIROIR NEUTRE」。

鏡面果膠

無色透明且幾乎無味，所以不會影響到生乳酪的風味與顏色，可以增加美味的光澤。也扮演了防止生乳酪的表面乾燥的角色。

鮮奶油

提升外觀的份量，讓生乳酪與莓果泥的酸味更溫和。

紅醋栗

水分多又帶來新鮮感的滋味，能讓人聯想裡面的果泥口味。迷你尺寸也有看起來更加充滿少女感的效果。

製作方法

1　參考 110 頁將手指餅乾烤成薄片狀。在這個步驟用抹刀在烘焙紙上抹成約 22×24 cm大小，用 190 度的烤箱烤 8~9 分鐘。冷卻之後翻面取下烘焙紙，翻回正面用直徑約 3 cm（中間用）和直徑約 6 cm（底部用）的圓形壓模各壓出 8 片餅乾（**照片 A**）。

Point	抹成薄片時為了不過度消泡請一次性抹開，並注意不要重複抹好幾次。烤好後馬上從烤盤中移出，蓋上烘焙紙冷卻以防乾燥。

A

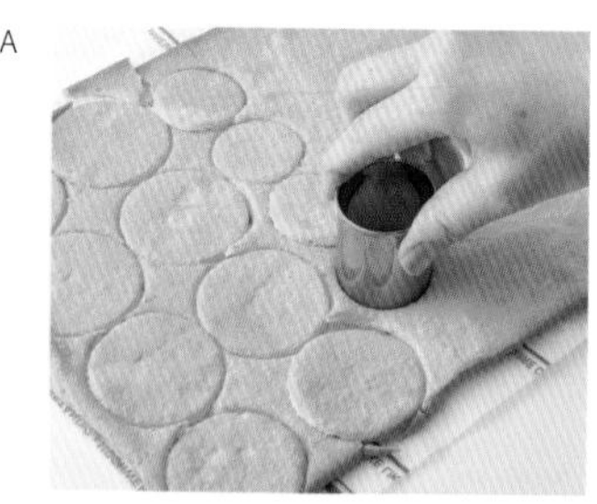

2　製作綜合莓果果凍。在 2 種果泥中按照順序加入砂糖、泡開並用微波爐溶解過的吉利丁。連同調理盆一起泡冰水，冷卻並增加濃稠度（**照片 B**）。

Point	冷卻並增加濃度後，之後比較容易做成夾心。

B

3　製作草莓生乳酪。在室溫下軟化奶油乳酪，拌到滑順為止。按照順序加入砂糖、優格並攪拌，分次少量加入草莓泥並混合在一起（**照片 C**）。

C

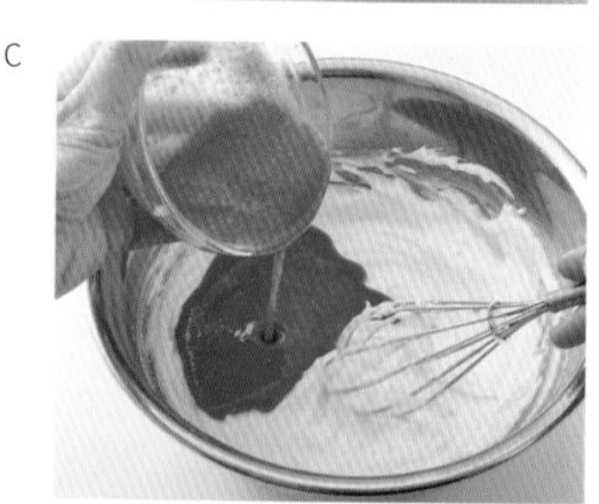

4　按照順序加入泡開並用微波爐溶解過的吉利丁、打成 7 分發的鮮奶油（提起來立起彎角的程度），充分攪拌均勻（**照片 D**）。

D

5　組裝。將 30g 的生乳酪麵糊倒入模具中，連同模具一起在桌面上輕敲震出空氣。用湯匙的背面將生乳酪麵糊塗抹到模具的邊緣（**照片 E**）。

Point	為了不讓果凍和中間用餅乾凸出外側，先將生乳酪麵糊塗抹在模具的內側。

E

6　在正中央放中間用餅乾並輕輕壓入，各放綜合莓果果凍 10g（**照片 F**）。

F

7 直接將冷凍的紅醋栗灑在果凍上方，將剩下的生乳酪倒至邊緣處（**照片 G**）。將底部用餅乾翻面蓋上。

8 放在冷凍中充分冷卻凝固，結凍之後翻面從模具中取出（**照片 H**）。

> **Point** 如果沒有冷凍到完全凝固的話，無法從矽膠製模具中漂亮地取出。為了取出時不在過程中開始融化，請一口氣迅速脫模。取出後建議先包保鮮膜避免結霜。

9 裝飾。將蛋糕放在放了網架的方盤上。從上方一口氣倒下鏡面果膠（**照片 I**），用抹刀將上面的鏡面果膠抹掉（**照片 J**）。提起網架輕輕搖晃，繼續抖落多餘的鏡面果膠。用抹刀轉移到蛋糕盤或盤子上。

> **Point** 要是上面沾到鏡面果膠，之後放巧克力會變得容易滑落，所以上面一定要先抹掉。

10 參考 74 頁製作 8 片 5×5 cm的白巧克力片，水平放在步驟 **9** 上，輕壓固定。

11 在鮮奶油中加入砂糖，打成 8 分發（立起尖角的程度），放入裝好較大的星形花嘴（約 10 齒 10 號大小）的擠花袋中。用畫螺旋的方式擠出 2 層（**照片 K**）。

> **Point** 垂直拿著擠花袋，維持一定高度並擠出。

12 使用用水溶解好的食用色素（紅）將塑形巧克力染色，用擀麵棍擀成薄片再用櫻花模具壓模放上（參考 75 頁）。裝飾冷凍紅醋栗。

> **Point** 紅醋栗解凍後容易壓壞，所以直接放冷凍紅醋栗。用草莓或覆盆莓也可以。

G

H

I

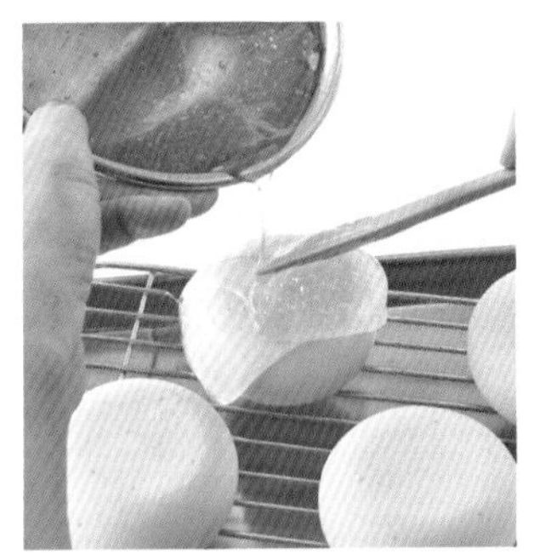

J

K

用紅色鏡面果膠增添莓果感
&
用圓形圈模變化成簡單設計

只要在鏡面果膠中加入覆盆莓泥染色，就能大大改變印象。添加果泥加強莓果的味道，也提升滋味的衝擊感。
要是沒有矽膠製的石頭模具，用傳統的圓形圈模製作也可以。
只在上面塗抹鏡面果膠，從上方稍微堆疊覆盆莓泥，就算是簡單的形狀也可以做出少女感。

紅色鏡面果膠成品

紅色鏡面果膠的份量

吉利丁粉……10g
（先加入冰水 50g 泡開）
冷凍覆盆莓果泥（解凍）……45g
鏡面果膠（非加熱型）……150g
食用色素（紅）……少量
（用微量的水溶解）
※ 用與 63 頁相同方式製作蛋糕。

1 製作紅色鏡面果膠。將泡開的吉利丁用微波爐溶解，與覆盆莓泥一起充分攪拌。

2 在鏡面果膠中加入步驟 **1** 並攪拌 (**照片 A**)，一邊觀察顏色一邊分次少量添加溶解好的食用色素做成鮮豔的紅色。

3 用濾茶網過篩 (**照片 B**)，參考 65 頁的步驟 **9**，將鏡面果膠改成紅色鏡面果膠做成外皮 (**照片 C**)。但上面的鏡面果膠保留不取下。

4 裝飾切片的草莓、冷凍紅醋栗、巧克力裝飾、銀箔等即完成 (**照片 D**)。

A

B

C

D

圓形圈模成品 (6 個份)

1 在 6 個直徑 6 cm、高度 3 cm的圓形圈模上鋪保鮮膜並用橡皮筋固定，製作底部。

2 用和 63 頁相同的食譜製作各個部位，將生乳酪倒入模具的一半後用湯匙的背面塗抹到模具的邊緣。

3 放中間用餅乾、綜合莓果果凍後，將剩下的生乳酪分成 6 等分倒入，將底部用餅乾翻面放入，輕輕壓入。放在冷藏或冷凍中冷卻凝固 (**照片 E**)。

4 用抹刀在上面塗抹鏡面果膠，到處都稍微塗一點覆盆莓泥上色 (**照片 F**)。

5 參考 73 頁脫模，裝飾冷凍紅醋栗、塑形巧克力裝飾。

E

F

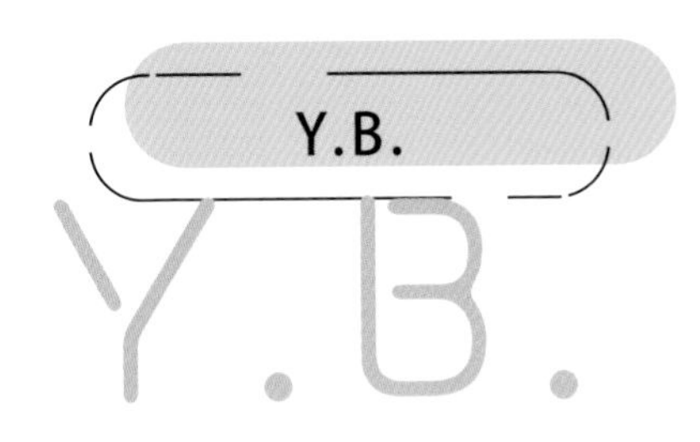

疊起香蕉與咖啡 2 種慕斯做成美麗的分層，用雙色明亮的鏡面淋醬裝飾。香蕉與咖啡可能是出乎意料的組合，但其實微苦又香濃的咖啡風味，有帶出香蕉濃郁甜味的效果，兩者是最佳拍檔。再加入巧克力鏡面淋醬的苦澀感，做成更有大人感的滋味。

材　料　15×10 cm的長方形圈模 1 個份

法式巧克力杏仁海綿蛋糕
- 蛋白……50g
- 砂糖……30g
- 全蛋……35g
- 糖粉……25g
- 杏仁粉……25g
- 低筋麵粉……20g
- 可可粉……6g

嫩煎焦糖香蕉
- 砂糖……15g
- 水……15g
- 鮮奶油……15g
- 香蕉……小 2/3~1 根
- 蘭姆酒……少許

咖啡肉桂慕斯
- 牛奶……50g
- 砂糖……15g
- 即溶咖啡（粉末）……3g
- 吉利丁粉……4g
  （先加入冰水 20g 泡開）
- 肉桂粉……適量
- 鮮奶油……60g

浸泡液（先加在一起）
- 蘭姆酒……8g
- 水……10g

香蕉慕斯
- 香蕉……60g
- 砂糖……15g
- 吉利丁粉……3g
  （先加入冰水 15g 泡開）
- 蘭姆酒……少許
- 鮮奶油……50g

巧克力鏡面淋醬
- 牛奶……45g
- 砂糖……25g
- 可可粉……10g
- 吉利丁粉……1g
  （先加入冰水 5g 泡開）

咖啡甘納許
- 白巧克力……15g
  （先切碎，或使用巧克力豆）
- 鮮奶油……10g
- 即溶咖啡（粉末）……少許

裝飾
- 金箔……適量

口感裝飾的 *Point*

巧克力鏡面淋醬

不只有漆黑透亮的外觀，可可粉的苦澀風味也能襯托香蕉與咖啡的風味。要是淋得太厚可可味會變得太重，所以重點在薄薄地淋一層。

咖啡甘納許

做出美麗的漸層成品，讓人聯想到慕斯的咖啡味。

製作方法

1 參考 110 頁將法式巧克力杏仁海綿蛋糕烤成薄片狀。在這個步驟將低筋麵粉連同可可粉一起過篩加入製作。用抹刀在烘焙紙上抹成約 22×24 cm大小，用 190 度的烤箱烤 8~9 分鐘。冷卻之後翻面取下烘焙紙，翻回正面用刀切成 2 片模具的大小 (**照片 A**)。

Point	抹成薄片時為了不過度消泡請一次性抹開，並注意不要重複抹好幾次。烤好後馬上從烤盤中移出，蓋上烘焙紙冷卻以防乾燥。

2 在圓形圈模上鋪保鮮膜並用橡皮筋固定，製作底部。放在方盤上準備好模具。

3 製作嫩煎焦糖香蕉。在砂糖中加水後開中火，變成焦糖色後馬上加鮮奶油。

4 加入切成丁狀的香蕉，輕輕拌炒 (**照片 B**)。等香蕉變濃稠後灑蘭姆酒，關火放涼。

5 製作咖啡肉桂慕斯。將牛奶、砂糖、即溶咖啡放入調理盆中混合。將泡開的吉利丁用微波爐溶解成液體，邊攪拌邊加入。連同調理盆一起泡冰水，增加一點濃稠度。

Point	想要做成偏軟的慕斯，所以在加鮮奶油前的步驟不要增加太多濃稠度。

6 加入肉桂和打成 7 分發的鮮奶油 (提起來立起彎角的程度)，用打蛋器攪拌到均勻為止。

7 一口氣倒入步驟 **2** 準備好的模具中，連同方盤一起輕輕在桌面上輕敲震平 (**照片 C**)。放在冰箱冷藏到表面凝固。

Point	做成倒入模具後自然地變平整的軟硬度，就可以做出漂亮的分層。

8 用刷毛沾 1/3 的浸泡液塗抹在餅乾的烤面上，翻面後重疊緊黏在咖啡肉桂慕斯上。背面也一樣沾浸泡液塗抹後，放入冷藏。

9 製作香蕉慕斯。用食物調理機打香蕉，按照順序加入砂糖、泡開並用微波爐溶解的吉利丁、蘭姆酒，加入打成 7 分發的鮮奶油再用打蛋器攪拌均勻。

10 將一半的份量倒在步驟 **8** 的上方大略抹平 (**照片 D**)，均勻灑上嫩煎焦糖香蕉 (**照片 E**)，再輕輕壓入。

11 倒入剩下的香蕉慕斯，抹平。用刷毛沾剩下的浸泡液塗抹在另一面餅乾的烤面上，翻面後重疊緊黏在香蕉慕斯上 (**照片 F**)。放在冰箱冷藏凝固。

A

B

C

D

E

F

12 製作巧克力鏡面淋醬。在小鍋中倒入牛奶、砂糖、可可粉。開中火，邊用打蛋器攪拌邊溶解可可粉。換成耐熱的橡膠刮刀，邊攪拌邊煮但不要燒焦（**照片 G**）。煮滾一次後，再稍微熬煮份量開始減少後就離火。

Point	參考標準為沸騰後再加熱 20~30 秒左右。

G

13 停止沸騰後，加入泡開的吉利丁溶解。用濾茶網過篩，去除硬塊（**照片 H**）。連同調理盆一起泡冰水，邊攪拌邊增加一點濃稠度。

Point	將巧克力鏡面淋醬抹在冰涼的蛋糕上面，所以請先調整成冰涼、流動性高並帶有些許濃稠感的程度。注意太冰會增加太多濃度。

H

14 製作咖啡甘納許。將所有材料放入耐熱容器中，用微波爐加熱。開始沸騰後馬上取出，用打蛋器充分攪拌使其乳化（**照片 I**）。裝入塑膠製的擠花袋中，剪掉一點前端。

Point	做出漂亮成品的重點在於不需要冰甘納許，先調整成和鏡面淋醬差不多的濃度。

I

15 顛倒冷卻凝固的步驟 **11** 並撕掉保鮮膜。均勻倒下巧克力鏡面淋醬（**照片 J**）。

Point	基底很冰涼所以鏡面淋醬和甘納許會馬上開始凝固，請不要抹太多次快速完成。

J

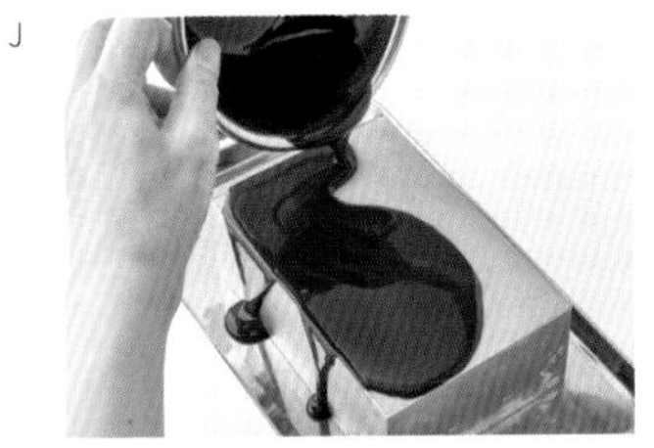

16 馬上在其中一面擠咖啡甘納許（**照片 K**），連同蛋糕基底在桌面上敲打震平（**照片 L**）。

K

L

17 用抹刀將沾在模具側面的鏡面淋醬刮下，放入冷藏冰 10 分鐘左右讓鏡面淋醬凝固。

18 參考 73 頁脫模，切成 5 等分。灑金箔裝飾（**照片 M**）。

Point	切開蛋糕時，用瓦斯爐的火將刀加熱再切，每次都用紙巾擦拭刀刃。

M

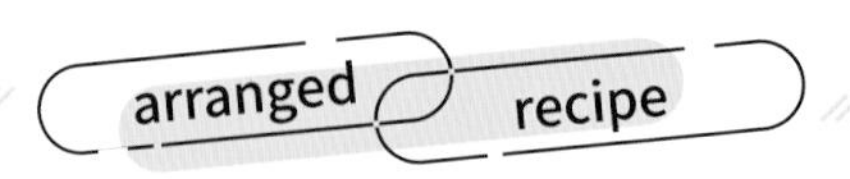

使用咖啡色的鏡面果膠
變化成簡單的小蛋糕

如果很難將蛋糕切得漂亮的話，分別使用 1 個小的圈模製作就可以做得很漂亮。
用鏡面果膠取代鏡面淋醬做成外皮所以變得更加簡單，變化成清爽又輕盈的滋味。

Y.B.

變化食譜的作法

單邊 6.5 cm的變形三角圈模，
或直徑 6 cm、高度 3 cm的圓形圈模 4 個份

※ 嫩煎焦糖香蕉的量是原食譜的 2/3，剩下的部分則以原食譜相同的份量製作。

1　用模具壓出 4 片法式巧克力杏仁海綿蛋糕，嵌在底部放到方盤上。沾浸泡液塗抹在餅乾上。

2　用和 70 頁相同方式製作香蕉慕斯，平整地倒至模具一半的高度 (**照片 A**)。放冰箱冷藏到上面凝固。

Point	做成倒入模具後能自然地變平整的軟硬度。小心不要讓香蕉慕斯沾到圈模的內側。小的模具很難製作「顛倒技法」，所以從下方開始按順序堆疊。

3　製作咖啡肉桂慕斯，分別將一半份量倒入模具中。用湯匙的背面塗抹到模具的邊緣。

4　在正中央的凹陷處放嫩煎焦糖香蕉 (**照片 B**)，倒入剩下的咖啡肉桂慕斯。用抹刀刮平，放冰箱冷藏凝固。

Point	為了避免香蕉的內餡溢出外側，重點在先將慕斯塗抹在模具的內側。

5　用抹刀薄塗一層非加熱型的鏡面果膠。用少許水溶解成濃即溶咖啡，用抹刀到處塗抹創造圖案 (**照片 C**)。

6　參考下欄脫模，裝飾巧克力裝飾和香蕉圓切片。

Point	將香蕉切成圓片放在方盤的背面，用噴槍在香蕉上燒出烤痕再放也可以 (照片 D)。在香蕉的上面塗抹鏡面果膠後變色就不明顯。

A

B

C

D

完美脫模方法

慕斯或巴伐利亞脫模時，用微波爐加熱濕毛巾做成熱蒸氣毛巾，圍在模具周圍將模具加熱一下。垂直輕輕提起，就能漂亮脫模。無法順利脫模時，請再加熱一次。請不要未加熱插入刀子硬要脫模，表面會晃動或缺角。如果有噴槍的話，用微火在模具的周圍加熱也一樣可以脫模。用噴槍時請注意不要讓甜點的正面碰到火，也不要過度加熱。

有藝術感的口感裝飾

用巧克力裝飾做變化

纖細的巧克力裝飾，僅僅放在蛋糕上就能一下子讓裝飾變高級，但其角色不只提高設計感或增加份量。點綴了薄脆的口感，增加苦味與濃厚感等滋味，也是提升美味程度的重要部位。製作巧克力裝飾時，將用於包裝的透明玻璃紙剪成方便使用的大小，緊黏在洞洞烤墊或砧板上後，在上方操作。完成之後，不須從玻璃紙上取下而是直接重疊放入密封容器中，可以在冷藏保存 2~3 個星期。雖然需要一點技術，請一定要挑戰做看看不只是裝飾得漂亮，也能當作「口感裝飾」的巧克力裝飾。

巧克力裝飾的必備技巧

掌握調溫法

製作晶亮又美麗的巧克力裝飾時，需要進行叫做「調溫」的溫度調節步驟。使用溫度計並按照步驟確實進行溫度調節後，再繼續製作裝飾吧。

1 將巧克力隔水加熱溶解成滑順狀，將苦巧克力調節到 45~50 度，牛奶、白巧克力則調節到 40~42 度。

2 連同調理盆一起泡在放了 3~4 個冰塊的冰水中，用橡膠刮刀輕輕攪拌。從周圍開始降溫並緩慢地變黏稠，開始結塊後就將調理盆從冰水中拿起。

3 再次隔水加熱。這次為了不讓溫度上升太多，稍微泡到熱水就馬上從熱水中取下，攪拌均勻並少量分次溶解巧克力。重複泡熱水再移開等步驟，等到巧克力完全沒有硬塊且變得滑順後即完成。苦巧克力的溫度是 31 度，牛奶、白巧克力溫度則是 29 度。如果不小心讓溫度上升得太高時，再泡一次熱水，從步驟 **1** 開始重做。

Point 將凝固在調理盆的周圍或橡膠刮刀的邊緣的巧克力溶解，只想加熱很少量的巧克力時，用吹風機的熱風很方便。但會比想像中溫度上升得更高，所以注意不要吹太久。

薄片

1 將調溫好的巧克力適量滴在玻璃紙上，用抹刀抹成一致的厚度 (**照片 A**)。

2 趁還沒凝固時在桌面上輕敲，消除塗抹痕跡。製作網狀薄片時，將調溫好的巧克力放入塑膠製的擠花袋後剪掉一點前端，在玻璃紙上擠成網狀。

3 置於室溫，當巧克力的表面乾掉且變得不黏之後，在完全凝固之前用模具按壓壓痕。(**照片 B**)。

4 在相同時間點用刀或切派刀迅速切開 (**照片 C**)。請注意完全凝固後壓模、切割的話會斷裂。

5 放方盤等扁平的重石，放在冰箱中冷藏凝固 (**照片 D**)。壓上重石可以預防巧克力翹起。連同玻璃紙一起冷藏保存，使用時再從玻璃紙上取下。

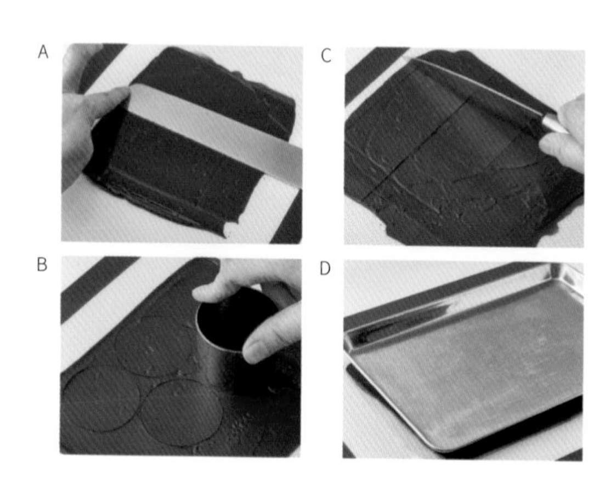

獎章

1 使用封蠟章(將信件以蠟封口用的工具)與速冷噴霧(**照片 A**)。網路商店販賣許多不同圖案、尺寸的封蠟章。速冷噴霧可以在五金行購入。

2 將調溫好的巧克力放入塑膠製擠花袋中,剪掉前端得 7~8 ㎜。

3 在玻璃紙上空出間隔擠出直徑 1.5~2 ㎝的圓形凸點(**照片 B**)。請將直徑擠得比封蠟章小一圈。

4 在封蠟章的金屬部分噴速冷噴霧,降溫到變白(**照片 C**)。

5 將印章面垂直接觸、輕壓巧克力,製造圖案(**照片 D**)。凝固之後輕輕提起分離,放在冰箱冷藏凝固。

> **Point** 趁調溫好的巧克力還沒凝固之前迅速推進步驟。當封蠟章的溫度開始上升,變得無法順利從巧克力上移開,所以每次都要用速冷噴霧降溫。習慣之後要是變得可以順利操作,每降溫一次壓 2~3 個即可。

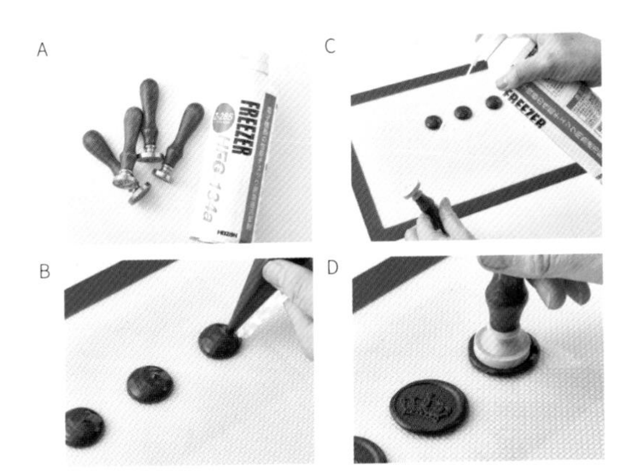

羽毛

1 在湯匙的背面沾大量調溫好的巧克力,用調理盆的邊緣刮平。

2 將湯匙輕壓在玻璃紙上再往自己的方向拉(**照片 A**)。注意壓太大力的話巧克力變太薄就變成易碎的裝飾。放在冰箱冷藏凝固。

A

立體羽毛

1 用小刀或油畫用的油畫刀的背面沾調溫好的巧克力,壓在玻璃紙上。提高 2~3 ㎜再往自己的方向拉(**照片 A**)。

> **Point** 雖然有點難,但練習過後就做得出像葉脈一樣的紋理。將玻璃紙放在桌面的邊緣處比較好做。

2 將玻璃紙一起放在像是半圓的雨水槽等有弧度的模具上,放在冰箱冷藏凝固(**照片 B**)。

A

B

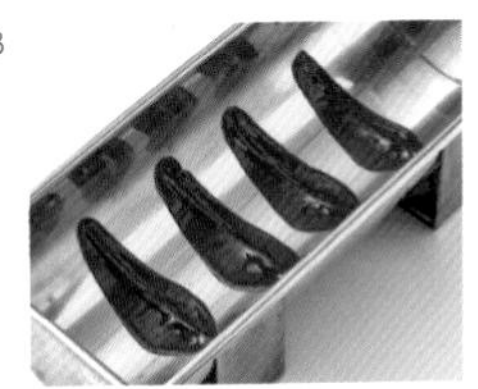

塑形巧克力裝飾

塑形巧克力 (plastic chocolate) 指加工成工藝用黏土狀的巧克力。回復至室溫後,可以按照自己喜歡的形狀用擀平、壓模等方式整形。

1 用防潮糖粉取代手粉,用擀麵棍將塑形巧克力擀成薄片。用餅乾模或翻糖用的彈簧模具壓模。

2 想上色時用微量的水將食用色素溶解揉入。完成的裝飾用和巧克力裝飾一樣的方式保存。

Lesson 4

用水果增加高水分的口感裝飾

鮮豔 & 酸甜感增加新鮮感

直接放上水果就讓蛋糕增添繽紛色彩，是一種非常簡單的裝飾素材。咬下時的水分凸顯口感，清爽的酸味抑制了蛋糕的甜味。另外，裝飾水果後，也可以讓人聯想到蛋糕的口味與裡面放的配料。重點是配合蛋糕的口味選擇作為裝飾的水果。在水果的表面塗抹鏡面果膠，更進一步增加水嫩感。水分很多的水果不適合使用，因為隨時間經過水分會轉移到鮮奶油並破壞裝飾。

運用水果的方式

1 與內餡一致

用藏在慕斯或鮮奶油當中的水果的內餡(配料)相同的水果裝飾在上方，可以讓人聯想到口味。

2 選擇同種類水果

在草莓口味的蛋糕上，裝飾像草莓或覆盆莓等莓果類水果，上方裝飾則選擇和蛋糕的顏色和風味相同的水果。這麼做除了外觀，也能讓口味呈現統一感。

3 思考一下切法與配置

鑽研水果的切法和配置，可以讓蛋糕看起來更華麗又漂亮。在鮮奶油等柔軟的部位上放很多水果的話容易讓蛋糕塌陷，請小心思考平衡不要放太多水果。

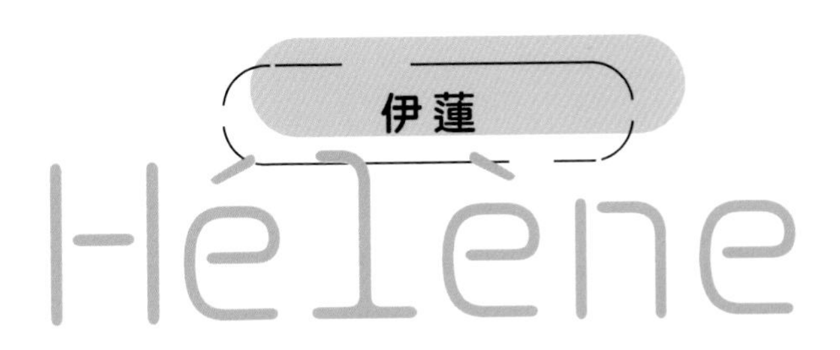

說到使用西洋梨的點心，用餅乾圍繞西洋梨巴伐利亞，做成了像帽子形狀的「西洋梨夏洛特蛋糕」是一大代表。原本是法式蛋糕，但這裡轉變成小蛋糕，在餅乾中增添了與西洋梨很搭的伯爵風味。還在巴伐利亞中也加入覆盆莓，做成更複雜的滋味。黏在旁邊的餅乾鬆軟、酥脆點綴出口感。將塗抹鏡面果膠、散發光澤的西洋梨裝飾在上方，做成水嫩又多汁的裝飾。

材　料　直徑 6 cm、高度 3.5 cm圓形圈模 4 個份

手指餅乾
- 蛋白……1 顆份
- 砂糖……30g
- 蛋黃……1 顆
- 低筋麵粉……30g
- 伯爵茶茶葉……2g
  （打碎的茶葉）
- 糖粉……適量

西洋梨巴伐利亞
- 西洋梨（罐頭）……80g
- 西洋梨（罐頭）糖漿……40g
- 蛋黃……1 顆
- 砂糖……25g
- 吉利丁粉……5g
  （先加入冰水 25g 泡開）
- 白蘭地……5g
- 鮮奶油……90g

內餡
- 冷凍覆盆莓……20g
- 覆盆莓果醬……10g

裝飾
- 西洋梨（罐頭）……切半 2 個
- 鏡面果膠（加熱型）……適量
- 鮮奶油……約 20g
- 冷凍紅醋栗、薄荷……皆適量

※ 鮮奶油量少很難打發，所以將裝飾用鮮奶油與西洋梨巴伐利亞用的鮮奶油一起打成 7 分發，再另外取出少量即可。

Point

西洋梨

切片後用噴槍燒出烤痕，塗抹鏡面果膠增添光澤，看起來水分很多。也有增強西洋梨巴伐利亞口味的效果。

紅醋栗

在滋味溫和的西洋梨中添加強烈的酸味，為味道增加亮點。

餅乾

紅茶風味與酥脆的口感帶出了巴伐利亞的滋味。也發揮了吃冰涼的巴伐利亞時「轉換口味」的效果。

製作方法

1 參考 110 頁製作手指餅乾。在這個步驟將低筋麵粉和伯爵茶茶葉一起過篩加入製作。在烘焙紙上用 10 ㎜圓形花嘴擠出 4 片直徑 6 ㎝的底部用圓形餅乾，剩下的則全部擠成長約 4 ㎝的水滴狀。在水滴狀餅乾上灑大量糖粉，用 180 度的烤箱烤 9~10 分鐘（**照片 A**）。

Point	用攪拌機將茶葉打碎，或用茶包也可以。斜拿擠花袋擠成水滴狀，擠出足夠的寬度與份量。灑大量糖粉後，能防止麵團塌陷。

2 烤好後馬上從烤盤中移出，蓋上烘焙紙放涼以防止乾燥。翻面輕輕取下烘焙紙，翻回正面用比模具小一圈的壓模（直徑 5 ㎝左右）將底部用餅乾壓出形狀。

3 製作西洋梨巴伐利亞。將西洋梨與糖漿一起用攪拌機打成泥（**照片 B**）。移到鍋中，開中火慢慢煮沸。在調理盆中將砂糖與蛋黃攪拌在一起，加入煮沸的果泥並攪拌。

4 倒回鍋中，開小火。用耐熱橡膠刮刀一直攪拌同時加熱（**照片 C**），當其中一處開始冒泡稍微沸騰後關火，加入泡開的吉利丁溶解。放入調理盆，泡冰水邊攪拌邊降溫，加入白蘭地。

Point	西洋梨泥原本就有濃度，看濃度讓人很難分辨加熱情況。因此，秘訣在於仔細觀察沸騰的情況。小心過度加熱會導致分離。

5 將打到 7 分發的鮮奶油（提起來立起彎角的程度）分 2 次加入，均勻混合（**照片 D**）。

6 製作內餡。直接將冷凍覆盆莓輕輕剝開，加入果醬拌好，放在冷凍（**照片 E**）。

Point	解凍後果肉容易爛掉，所以將冷凍覆盆莓和果醬拌在一起。如果沒有冷凍覆盆莓，只加少許果醬也可以。

7 組裝。在方盤上鋪保鮮膜並放模具，在模具正中央放底部用餅乾。分別倒入西洋梨巴伐利亞 45g，小心不要挪動模具同時用湯匙的背面塗抹到模具的邊緣（**照片 F**）。

A

B

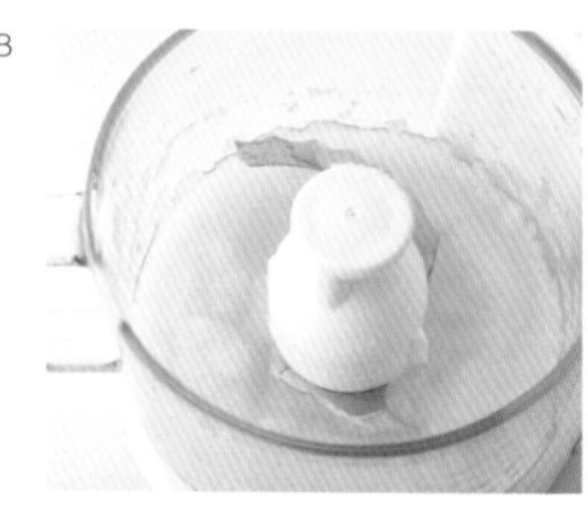

C

D

E

F

8 將步驟 **6** 的內餡分成 4 等分放在正中央的凹陷處。倒入剩下的巴伐利亞（**照片 G**），用抹刀將表面抹平後放在冰箱中冷藏凝固。

9 裝飾。將西洋梨切成薄片，拿 5~6 片在方盤上擺成扇形並切齊（**照片 H**）。用噴槍在邊緣燒出焦痕（**照片 I**）。

Point	方盤碰到噴槍的話會變形或燒焦，所以請準備平價的專用方盤。

10 在加熱用鏡面果膠中加入 2 成左右的水，用微波爐加熱到沸騰，弄成液體狀。橫擺刷毛，將鏡面果膠抹在西洋梨的上方（**照片 J**）。

Point	非加熱型鏡面果膠塗在水果上後容易隨時間經過而滴落，所以建議使用完全凝固的加熱型果膠。注意冷掉後會變硬，所以這時候用微波爐再次加熱溶解成液體狀使用，避免厚塗。

11 參考 73 頁將西洋梨巴伐利亞脫模，用抹刀放步驟 **10** 的西洋梨（**照片 K**）。

12 用抹刀沾少量打成 7 分發的鮮奶油抹在水滴狀的餅乾背面，黏在巴伐利亞的側面（**照片 L**）。在西洋梨上面裝飾冷凍紅醋栗、薄荷。

G

H

I

J

K
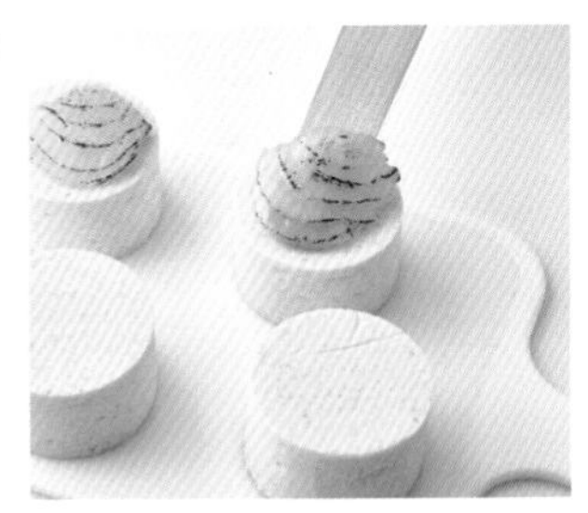

L

水分多

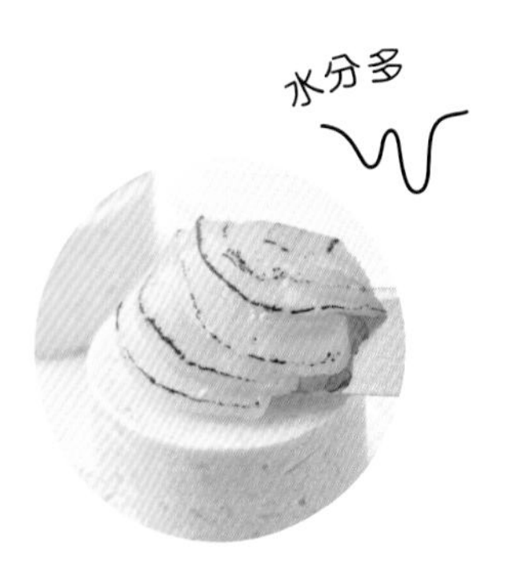

托里納

Torina

重疊了新鮮的綠色開心果巴伐利亞，以及少女的粉色草莓慕斯製作出色彩鮮豔的小蛋糕。故意做成簡單的構造，凸顯了濃厚的堅果風味，以及又酸又多汁的莓果組合的優點。使用 2 種莓果裝飾在上方，做得更加華麗。

材　料　15×10 cm、高度 5 cm的長方形圈模 1 個份

法式杏仁海綿蛋糕

- 蛋白……50g
- 砂糖……30g
- 全蛋……35g
- 杏仁粉……25g
- 糖粉……25g
- 低筋麵粉……22g

開心果巴伐利亞

- 牛奶……70g
- 開心果泥……20g
- 蛋黃……1 個
- 砂糖……15g
- 吉利丁粉……3g
（先加入冰水 15g 泡開）
- 白巧克力……15g
（先切碎，或使用巧克力豆）
- 鮮奶油……70g

浸泡液（先加在一起）

- 櫻桃白蘭地……10g
- 水……10g

草莓慕斯

- 冷凍草莓果泥……70g
（解凍）
- 砂糖……15g
- 吉利丁粉……3g
（先加入冰水 15g 泡開）
- 鮮奶油……50g

冷凍覆盆莓（新鮮的也可）……25g

裝飾

- 鏡面果膠（非加熱型）……適量
- 草莓、覆盆莓等莓果……皆適量
- 開心果……適量

※ 請選非加熱型鏡面果膠。本書中使用法國產品「ROYAL MIROIR NEUTRE」。

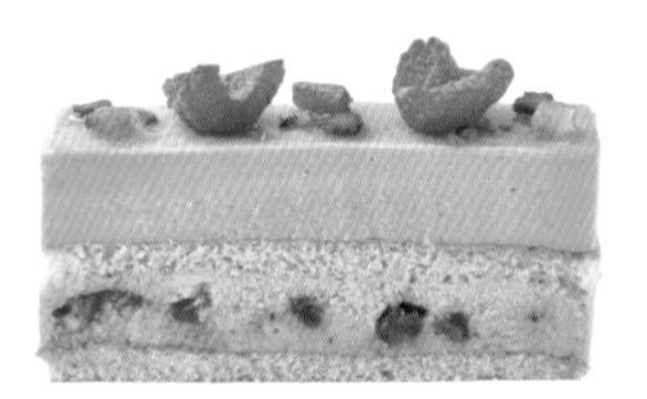

莓果 & 開心果

一眼就能看出慕斯和巴伐利亞口味的蛋糕裝飾。新鮮莓果的水分，帶出了巴伐利亞濃郁的味道。

鏡面果膠

在蛋糕上增添美味的光澤，預防巴伐利亞的表面乾燥。

製作方法

1 參考 110 頁製作法式杏仁海綿蛋糕的麵糊。用抹刀在烘焙紙上抹成約 24×26 cm的薄片狀，用 190 度的烤箱烤 8~9 分鐘。冷卻之後翻面取下烘焙紙，翻回正面切出 2 片與模具一樣的大小（**照片 A**）。

2 在圓形圈模上鋪保鮮膜並用橡皮筋固定，製作底部。放在方盤上準備好模具。

3 製作開心果巴伐利亞用的英式蛋奶醬。將開心果泥和牛奶一起放入鍋中，煮沸一次（**照片 B**）。在調理盆中充分混合砂糖與蛋黃，倒入一半煮沸的牛奶攪拌，再倒回鍋中。

4 開小火，不斷攪拌並加熱到稍微增加濃稠度為止。加入泡開的吉利丁、切碎的白巧克力（**照片 C**），充分攪拌溶解。用濾茶網過篩並移到調理盆中（**照片 D**）。

Point	即使開心果泥沒有完全溶解，最後過濾好就沒有問題。注意火太強或過度加熱的話會導致分離。

5 連同調理盆一起泡冰水，緩慢攪拌並讓開心果英式蛋奶醬降溫，稍微增加濃稠度。將打成 7 分發的鮮奶油（提起來立起彎角的程度）分 2 次加入，均勻混合（**照片 E**）。

Point	太冰、太濃稠的話很難平整地倒入模具中，所以請稍微有點濃稠感就和鮮奶油混合。

6 一口氣將開心果巴伐利亞倒入步驟 **2** 準備好的模具中，連同方盤一起在桌面上輕敲震出空氣、震平（**照片 F**）。放冷藏讓表面凝固。

A

B

C

D

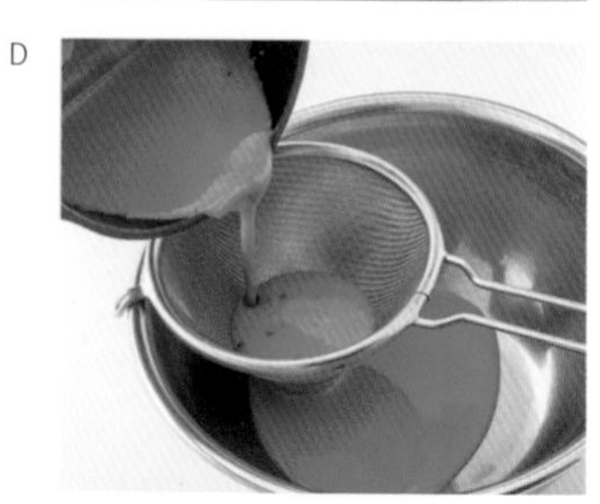

E

F

7 用刷毛沾浸泡液均勻塗抹在法式杏仁海綿蛋糕的烤面上。(每面各使用 1/3)。翻面放在凝固的巴伐利亞上，水平輕壓黏起 (**照片 G**)。背面也沾浸泡液塗抹，放入冷藏。

Point	在倒好的巴伐利亞上馬上放餅乾的話，餅乾會傾斜、陷入其中無法做出漂亮分層。做出漂亮成品的秘訣是至少讓巴伐利亞的表面凝固再放。

8 製作草莓慕斯。按照順序在草莓泥中加入砂糖、泡開並用微波爐溶解成液體狀的吉利丁，每次都要充分攪拌。

9 連同調理盆一起泡冰水，稍微增加濃稠度後分 2 次加入打成 7 分發的鮮奶油 (提起來立起彎角的程度)，均勻混合。

10 一口氣將草莓慕斯倒入步驟 **7** 的模具中，連同方盤一起在桌面上輕敲震平。
將冷凍覆盆莓剝開灑上，壓入慕斯中 (**照片 H**)。用橡膠刮刀等工具輕輕抹平表面。

Point	冷凍覆盆莓解凍後果肉容易爛掉，所以直接將冷凍覆盆莓剝碎放上。

11 沾浸泡液塗抹在餅乾後翻面放在烤面上，放在冰箱冷藏凝固。

12 冷卻凝固後翻面，撕掉保鮮膜。用抹刀均勻塗抹非加熱型鏡面果膠 (**照片 I**)，參考 73 頁脫模。切成 5 等分 (**照片 J**)。

Point	切開蛋糕時，用瓦斯爐的火將刀稍微加熱再切，每次都用紙巾擦拭刀刃。

13 裝飾切成小丁的草莓、切成一半的覆盆莓 (**照片 K**)。

14 灑切成圓片和切成末的開心果即完成 (**照片 L**)。

G

H

I

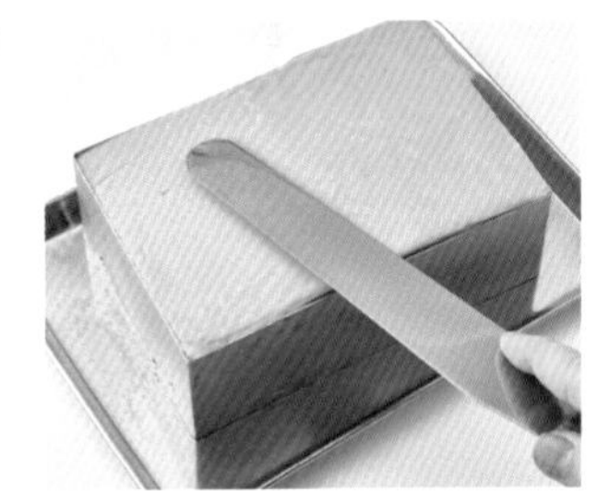

J

K

L

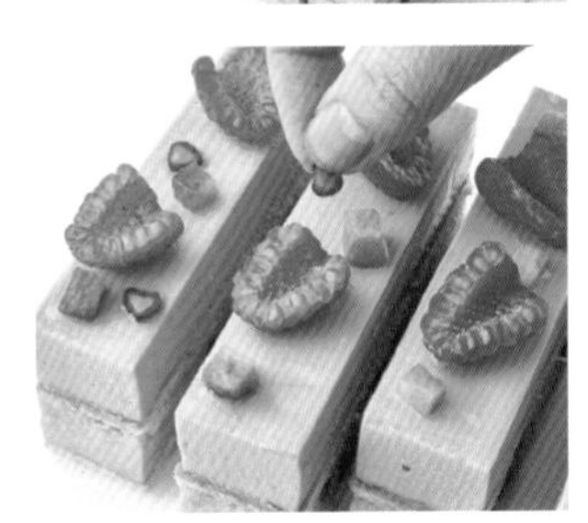

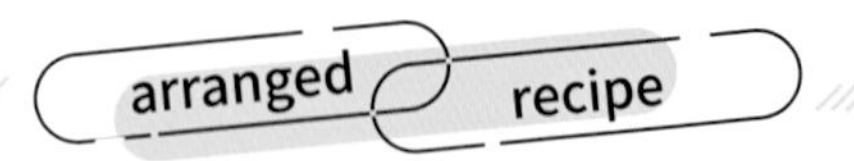

用三角變形圈模變化

不是切開蛋糕，而是使用小的模具分別組成的類型。莓果慕斯藏在裡面看不見，所以用上面的莓果裝飾讓人聯想口味。原食譜從上層開始堆疊最後上下顛倒用「顛倒技法」組合完成，但用圈模製作時，從下層開始照順序製作能輕易做得更漂亮。

變化食譜的作法

單邊 6.5 cm、高度 4 cm的變形三角圈模 4 個份
（用直徑 6 cm左右的圓形圈模也可以）

1 用和 83 頁相同的方式製作法式杏仁海綿蛋糕、浸泡液、開心果巴伐利亞、以及一半份量的草莓慕斯。

2 用圈模壓法式杏仁海綿蛋糕，鋪在底部用浸泡液稍微沾溼。也要準備中間用的、切成 3 cm丁狀的餅乾。

3 將開心果巴伐利亞倒約 35g 到模具中，用湯匙的背面塗抹到模具的邊緣 (**照片 A**)。

Point	為了不讓裡面放的配料和草莓慕斯溢出外側，先將巴伐利亞塗抹在模具的內側。三角形的角容易跑入氣泡，所以注意脫模後容易有洞。

4 沾浸泡液塗抹在中間用餅乾的兩面上，放在步驟 **3** 的正中央輕輕壓入。

5 將草莓慕斯分成 4 等分放在步驟 **4** 上，輕輕剝開冷凍覆盆莓後放上 (**照片 B**)。

6 輕輕壓入後倒入剩下的開心果巴伐利亞，用抹刀刮平 (**照片 C**)。放冰箱冷藏凝固。

7 用抹刀將非加熱型鏡面果膠塗抹在上面 (**照片 D**)。

8 參考 73 頁脫模，用切好的草莓、沾了糖粉的覆盆莓、冷凍紅醋栗、切成圓片的開心果裝飾 (**照片 E**)。

A

B

C

D

E

La

卡莉・J

Carly J.

將酸甜的檸檬塔「柑橘塔」，與多汁的鳳梨果肉組合。一般的柑橘塔，最後會擠義式蛋白霜，但這裡擠了鮮奶油取代蛋白霜，強調剛好的甜度與清涼感。用鮮奶油蓋住了裡面的配料，所以為了能從外觀聯想到口味在上面裝飾了切片鳳梨與檸檬皮。

材　料　直徑 7.5 cm、高度 2.5 cm的塔模 4 個份

甜塔皮

- 不含鹽奶油……35g
- 糖粉……25g
- 蛋黃……1 顆
- 低筋麵粉……70g

杏仁奶油醬

- 不含鹽奶油……20g
- 砂糖……20g
- 全蛋……20g
- 杏仁粉……20g

內餡

- 冷凍覆盆莓……25g
- 低筋麵粉……約 1/2 小匙

檸檬奶油

- 蛋黃……1 顆
- 蛋白……30g
- 砂糖……30g
- 檸檬汁、檸檬皮屑……各 1/2 顆份
- 吉利丁粉……1.5g
  （先加入冰水 8g 泡開）
- 不含鹽奶油……15g

鳳梨（罐頭）……1 塊

香緹鮮奶油

- 砂糖……12g
- 鮮奶油……120g

裝飾

- 檸檬皮細絲、砂糖……皆適量
- 鳳梨（罐頭）……適量
- 銀箔、蛋糕插卡……皆適量

鳳梨、檸檬皮細絲

將檸檬味鮮奶油與裡面放的鳳梨果肉裝飾在上方可以聯想口味。簡單切好放一點在上方，不會讓鮮奶油擠花變形，做成偏清涼的成品。

鮮奶油

不只讓蛋糕增加份量感、看起來更華麗，連結塔皮、檸檬奶油、鳳梨等不同口感的部位展現整體感。

製作方法

1 烤基底的塔皮。參考 111 頁製作甜塔皮。冷藏靜置 1 個小時後分成 4 等分，每個分別灑上手粉（份量外）後用擀麵棍擀成比模具大一圈的圓形。鋪入塔模中，水平切掉邊緣（**照片** A）。用叉子在底部均勻戳洞，冷藏靜置 30 分鐘左右。

2 製作杏仁奶油醬。按照順序在呈鮮奶油狀的奶油中加入砂糖、打散的全蛋、杏仁粉，每次都要充分攪拌。

3 在步驟 **1** 的塔皮麵團上分別放杏仁奶油醬 20g。

4 製作內餡。輕輕剝開冷凍覆盆莓，沾滿低筋麵粉。分成 4 等分放在步驟 **3** 的正中央（**照片** B），用 180 度的烤箱烤 25 分鐘左右（**照片** C）。散熱之後脫模放涼。

Point	不須解凍直接使用覆盆莓。用低筋麵粉做外皮，水分就不容易跑到杏仁奶油醬中，變得更容易烤熟。放少量覆盆莓果醬取代內餡也可以。

5 製作檸檬奶油。打散蛋黃、蛋白，加入砂糖攪拌在一起。加入檸檬汁、檸檬皮屑。

6 開小火隔水加熱，用打蛋器不斷攪拌並加熱，開始冒泡變濃稠後（**照片** D），從熱水中取下。加入泡開的吉利丁用餘溫溶解、放涼。

Point	如果不是用微火加熱，蛋的成分會凝固產生固體物，所以建議隔水加熱。請加熱到濃度變得很濃稠為止。

7 加入在室溫下軟化過的奶油（**照片** E），混合均勻。用濾茶網等孔洞細的工具過濾，去除檸檬的皮和果肉（**照片** F）。

Point	最後過濾之後讓口感變得更加滑順。

A

B

C

D

E

F

8 組裝。在塔上各放 1/4 的檸檬奶油，用抹刀抹開後在塔皮邊緣處刮平（**照片 G**）。放冰箱冷藏凝固 20 分鐘左右。

9 用廚房紙巾完全擦乾鳳梨的水分，切成丁狀。放在步驟 **8** 的正中央（**照片 H**）。

Point	想要增加份量時，將鳳梨擺得高一點、擺成像山的形狀。

10 在鮮奶油中加入砂糖，打成 8 分發（立起尖角的程度）。放入裝好 10 齒 8 號大小的星形花嘴的擠花袋中，用畫小圓的方式擠出（玫瑰擠花）。在塔的邊緣擠出 5 個（**照片 I**），往上 1 層再擠 1 個在中心（**照片 J**）。冰冷藏 10~20 分鐘左右，讓鮮奶油的形狀定型。

Point	如果鮮奶油太軟的話會使擠花塌陷，所以請確認好硬度後再擠。擠出很多量就能做得很華麗。

11 裝飾。薄薄削下檸檬皮，切成很細的絲。和砂糖、少許水一起放入耐熱容器中，用微波爐加熱到變軟為止、放涼（**照片 K**）。

12 將擦乾水分的鳳梨切成 7~8 ㎜丁狀，放在 3~4 個地方（**照片 L**）。裝飾擦乾水分的檸檬細絲、蛋糕插卡、銀箔（**照片 M**）。

Point	鳳梨太大的話容易滑落，壓壞鮮奶油，所以重點是切成小塊維持清爽的設計。

G

H

I

J

K

L

M

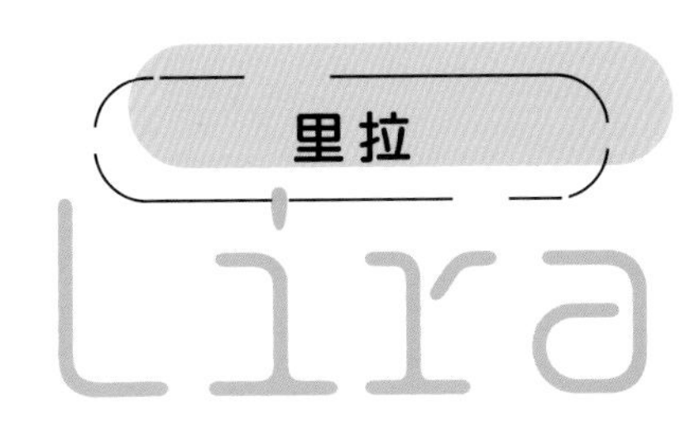

里拉 Lira

在帶有衝擊感的酸味與配色的黑醋栗慕斯中，裝入牛奶味的白巧克力鮮奶油，放在酥脆的甜塔皮基底上。是一款酸味與甜味很均衡的小蛋糕。表面用黑醋栗鏡面果膠做成光滑的外皮，周圍以珍珠項鍊為發想擠了黑醋栗鮮奶油。最後搭配莓果與小玫瑰，做成了優雅且華麗的裝飾。

材　料　直徑 6 cm、高度 3 cm的圓形圈模 4 個份

甜塔皮
- 不含鹽奶油……35g
- 糖粉……25g
- 蛋黃……1顆
- 低筋麵粉……70g

甜巧克力（造型用）
（可可脂含量 55~65% 左右的巧克力）……約30g
（先切碎，或使用巧克力豆）

黑醋栗慕斯
- 冷凍黑醋栗泥……65g
（解凍）
- 砂糖……20g
- 吉利丁粉……3g
（先加入冰水 15g 泡開）
- 黑醋栗鮮奶油（黑醋栗利口酒）……10g
- 鮮奶油……60g

白巧克力香緹
- 白巧克力……25g
（先切碎，或使用巧克力豆）
- 鮮奶油……15g
- 鮮奶油……20g

冷凍整粒黑醋栗……30g
（直接冷凍使用。也可以用藍莓）

裝飾
- 鏡面果膠（非加熱型）……40g
- 冷凍黑醋栗泥……8g
（解凍）
- 鮮奶油……70g
- 砂糖……6g
- 冷凍黑醋栗泥……適量
（解凍）
- 草莓、覆盆莓、冷凍黑醋栗、冷凍紅醋栗等莓果類……皆適量
- 依個人喜好加食用玫瑰、金箔……皆適量

口感裝飾的 *Point*

莓果
裝飾與黑醋栗一樣的莓果類，強調黑醋栗風味。組合數種莓果後裝飾得很繽紛，提升華麗感與新鮮感。

黑醋栗鮮奶油
降低鮮豔的黑醋栗配色，做出纖細的氛圍。也扮演連結基底的甜塔皮與柔軟的慕斯口感的角色。

鏡面果膠
添加黑醋栗泥並上色，強調黑醋栗的配色。也預防慕斯表面乾燥。

甜塔皮
香濃酥脆的口感，為柔軟的慕斯增加點綴。用菊花模製作，成品更加華麗。

製作方法

1 烤基底。參考 111 頁製作甜塔皮。冷藏靜置 1 個小時以上後放在烘焙紙上，灑上手粉（份量外）並用擀麵棍擀成 2~3 mm的厚度。用直徑 9 cm的壓模（菊花模）壓出明顯的模具的痕跡，不須從烘焙紙上取下直接放在冷凍冰 10 分鐘左右讓麵團定型。

Point	如果甜塔皮太厚的話，小心變得太硬而無法用叉子吃。壓模時不要壓好馬上從紙上取下麵團，而是留下模具的壓痕先冷卻凝固一次，形狀才不會變形、漂亮脫模。

2 翻面取下烘焙紙，將壓出造型的麵團放在烘焙紙上。用叉子在底部均勻戳洞，連同烘焙紙一起用 180 度的烤箱烤 10 分鐘左右。

Point	用洞洞烤墊取代烘焙紙鋪墊烘烤時不需要用叉子戳洞。均勻烤到帶有美味的烤色為止。

3 用巧克力描繪圖案。將透明的玻璃紙（或 OPP 包裝紙）緊黏在洞洞烤墊或砧板上。將隔水加熱溶解好的甜巧克力放在玻璃紙的 4 個地方，用橡膠製的梳子畫出曲線的圖案（**照片 A**）。連同烘焙紙一起輕輕移到方盤上，放在冰箱冷藏凝固。

4 在巧克力上方放圓形圈模，再次放入冷藏中（**照片 B**）。

Point	只需溶解巧克力，不需要調溫。將 4 個圈模在紙上畫好草稿後鋪在玻璃紙下，就很容易找到畫圖案的位置。依個人喜好省略巧克力的圖案也可以。

5 製作黑醋栗慕斯。將黑醋栗泥和砂糖混合在一起，攪拌並加入泡開後用微波爐溶解的吉利丁。加入黑醋栗鮮奶油，連同調理盆一起泡冰水邊攪拌邊降溫，增加濃稠度。

6 將打到 7 分發（提起來立起彎角的程度）的鮮奶油加入步驟 **5** 中，均勻攪拌在一起（**照片 C**）。

7 製作白巧克力香緹。混合切碎的白巧克力和鮮奶油 15g 後用微波爐加熱，開始冒泡沸騰後就馬上取出。用打蛋器攪拌溶解，製作光滑的甘納許，冰冷藏降溫。

8 將鮮奶油 20g 打成 7 分發。甘納許冷卻後增加一點濃度後，加入打成 7 分發的鮮奶油並攪拌在一起（**照片 D**）。

Point	請注意如果甘納許沒有先完全降溫，打成 7 分發的鮮奶油會融化。變成分離的原因，所以最後不要攪拌過度避免無法打發。

A

B

C

D

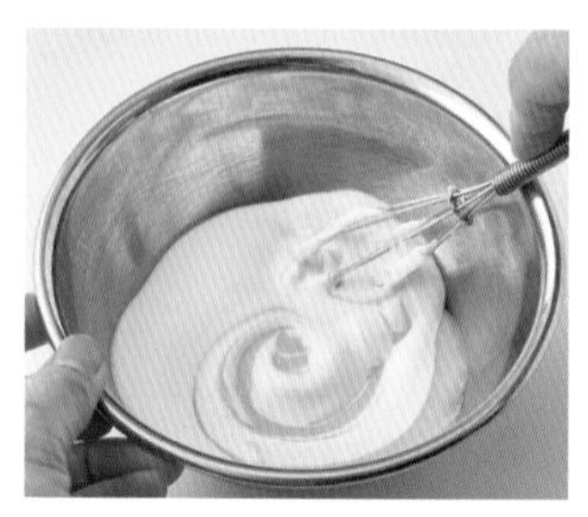

E

F

9 組裝。將黑醋栗慕斯分別倒 35g 到準備好的模具中，用湯匙的背面塗抹到烤模的邊緣（**照片 E**）。

> **Point** 為了不讓裡面的白巧克力香緹和黑醋栗溢出外側，先將慕斯塗抹在模具上。

10 將冷凍的整粒黑醋栗直接放入正中央的凹陷處，各放 15g 白巧克力香緹並輕輕抹平（**照片 F**）。

11 放剩下的黑醋栗慕斯，用抹刀刮平。放冷凍充分冷卻凝固（**照片 G**）。

> **Point** 注意不要在冷卻凝固前拿起模具晃動到位置。如果慕斯沒有冷卻凝固就沒辦法讓圖案從玻璃紙上分離，不能漂亮地轉印在慕斯上。

12 裝飾。將鏡面果膠和黑醋栗泥 8g 攪拌在一起後用濾茶網過濾。

13 在結凍的黑醋栗慕斯的模具上放另一個方盤，連同方盤一起讓模具上下顛倒。馬上撕掉玻璃紙（**照片 H**），用抹刀將黑醋栗鏡面果膠塗抹在巧克力的圖案上（**照片 I**）。

14 參考 73 頁脫模，放在步驟 **2** 的甜塔皮中心（**照片 J**）。

15 在鮮奶油中加入砂糖打成 7 分發，少量添加黑醋栗泥增加淡淡的顏色。放入裝好 7 ㎜圓形花嘴的擠花袋中，在慕斯的側面擠出 1 圈小圓球。（**照片 K**）。

> **Point** 將鮮奶油的圓球全部擠成相同大小成品就會很漂亮。

16 切好莓果類做裝飾。依個人喜好點綴食用玫瑰的花瓣（**照片 L**），裝飾金箔。

> **Point** 為了能看見巧克力的圖案，請將水果裝飾在沒有圖案的地方。即使只有 1~2 種莓果研究好不同切法與配置再放就會很好看。如果有食用玫瑰的話，只要放一片花瓣就能增加華麗感。

G

H

I

J

K

L

用蛋糕體增加鬆軟酥脆的口感裝飾

溫和口感當作慕斯與鮮奶油的口味轉換

烤得香濃的甜塔皮（塔皮麵團）與加入打發蛋白霜的餅乾（法式海綿蛋糕體）。雖然常讓人覺得是作為蛋糕基底的樸素部位，但只要運用於裝飾中，除了提升整體份量感，鬆軟的口感有當作冰涼慕斯和鮮奶油的「轉換口感」的效果，酥脆的口感在柔軟的部位中成為亮點，也扮演為口感增添變化的重要角色。做出美麗裝飾的重點在於像是用菊花模壓麵團、擠成水滴狀或心型等，可多研究形狀以提升設計感。

運用蛋糕體的方式

1 設計形狀

蛋糕體呈咖啡色又很樸素，所以研究餅乾擠花的造型，或用有裝飾邊的模具壓當成基底的甜塔皮，研究造型就能變身成華麗的裝飾。98 頁的克萊利亞則用圓形花嘴擠出再烘烤，將斷面做成波浪圖案，提升了設計感。

2 當作裝飾

灑上椰子細絲或糖粉，在麵團本身加上裝飾，就能改變色調。配合蛋糕的口味來使用裝飾，美味程度也會提升。

3 配合蛋糕選蛋糕體

想要凸顯並發揮麵團的口感時，把即使又薄又脆仍有存在感的甜塔皮當作基底；想要增加份量時就使用鬆軟的餅乾，考慮甜點整體的口感與份量感來選擇蛋糕體吧。

克萊利亞
Clelia

將檸檬奶油擠在濃厚的生乳酪蛋糕當中，做成不論從哪裡切都會跑出圓點圖案。不只外觀有趣，到處都有生乳酪加檸檬奶油，產生有趣的組合。用甜塔皮與擠成棒狀的餅乾做成雙層的基底。增加份量、餅乾的波浪狀運用於設計中，組合不同口感的麵團後讓滋味更豐富。

材　料　15×10 cm的長方形圈模 2 個份

甜塔皮
- 不含鹽奶油……35g
- 糖粉……25g
- 蛋黃……1 顆
- 低筋麵粉……70g

手指餅乾
- 蛋白……1 顆份
- 砂糖……30g
- 蛋黃……1 顆
- 低筋麵粉……30g
- 糖粉……適量

檸檬奶油
- 蛋黃……1 顆
- 蛋白……25g
- 砂糖……30g
- 檸檬汁、檸檬皮屑……各 1/2 顆份
- 吉利丁粉……2g
（先加入冰水 10g 泡開）
- 不含鹽奶油……15g

生乳酪
- 奶油乳酪……150g
- 砂糖……50g
- 牛奶……60g
- 吉利丁粉……8g
（先加入冰水 40g 泡開）
- 鮮奶油……120g

裝飾
- 鮮奶油……150g
- 砂糖……12g
- 巧克力裝飾（參考 74 頁）……適量

※ 甜塔皮、手指餅乾、檸檬奶油很難用少量製作，所以 2 個蛋糕一起做比較容易。

甜塔皮
偏硬的麵團讓基底很穩定，香濃、脆硬的口感替味道增加深度。

手指餅乾
增加份量感並用斷面的波浪圖案提高設計感，鬆軟、酥脆的口感增加了嚼勁與滋味的豐富度。

檸檬奶油
到處都擠上檸檬奶油點綴清爽的酸味，外觀也因為圓點圖案增加可愛感。

鮮奶油
加入入口即化的鮮奶油強調滑順感。讓份量變多看起來更華麗。

製作方法

A

1 烤基底。參考 111 頁製作甜塔皮。冷藏靜置 1 個小時。放在烘焙紙上灑手粉 (份量外) 並用擀麵棍擀成 2~3 mm的厚度。用長方形圈模壓出 2 片明顯的模具壓痕，不須從烘焙紙上取下直接放冷凍冰 10 分鐘左右讓麵團定型。

Point	如果甜塔皮太厚的話，小心變得太硬而無法用叉子吃。壓模時不要壓好馬上從紙上取下麵團，而是留下模具的壓痕先冷卻凝固一次，形狀才不會變形、漂亮脫模。

B

2 從背面撕掉烘焙紙，將壓好圖案的麵團放在烘焙紙上。用叉子在麵團上均勻戳洞，連同烘焙紙一起放在烤盤上用 180 度的烤箱烤 10 分鐘左右 (**照片 A**)。放涼。

Point	用洞洞烤墊取代烘焙紙鋪墊烘烤時不需要用叉子戳洞。均勻烤到帶有美味的烤色為止。

C

3 參考 110 頁製作手指餅乾。放入裝好 10 mm圓形花嘴的擠花袋中，在烘焙紙上擠出長 18 cm的線條，接在一起形成 18×23 cm的長方形。灑大量糖粉 (**照片 B**)，用 180 度的烤箱烤 10~12 分鐘左右。

Point	用好像讓擠花們黏在一起又沒有黏在一起的間隔來擠，烤好後的線條很明顯。灑大量糖粉，能讓麵團變得不容易塌陷，切下蛋糕後斷面會形成漂亮的波浪狀。

D

4 烤好之後馬上從烤盤中移出，蓋上烘焙紙放涼以防止乾燥。翻面撕下烘焙紙，翻回正面切下 2 片與模具相同的大小 (**照片 C**)。

5 參考 90 頁的步驟 **5**～**7** 製作檸檬奶油。連同調理盆一起泡冰水，充分攪拌同時降溫到擠得出來的濃度 (**照片 D**)。

Point	太軟的話無法順利擠出，所以要降溫成與卡士達醬差不多的濃度才行。

E

6 製作生乳酪。將奶油乳酪放在室溫下軟化，用打蛋器拌到滑順為止。混合砂糖，分 3 次加入牛奶，每次都要充分攪拌。用微波爐溶解泡開的吉利丁，加入攪拌在一起。

7 加入打成 6 分發 (提起打蛋器後會黏稠地滴落的程度) 的鮮奶油並攪拌，做成偏軟的麵糊 (**照片 E**)。

F

8 準備基底。用少量的生乳酪麵糊當作膠水，將甜塔皮與餅乾的背面黏在一起 (**照片 F**)。將餅乾朝上放在方盤上，從上方將餅乾嵌入模具 (**照片 G**)。2 塊都先裝好。

Point	如果不先把蛋糕體黏好，切開時就會散開。甜塔皮無法嵌入模具時稍微削掉一點調整大小。

9 組裝。分別倒入生乳酪 100g 並抹平，在桌面上輕敲震出空氣。同時組裝 2 塊蛋糕。

10 將檸檬奶油放入裝好 8 ㎜圓形花嘴的擠花袋中，將花嘴前端輕輕埋入生乳酪中，在中心橫擠 1 條線。分別在上下方等距離各擠 1 條 (**照片 H**)。

Point	請邊想像切下蛋糕後斷面的圓點圖案呈現等距離邊擠檸檬奶油。擠的時候力道一致粗細才會一致。最好把檸檬奶油用完。

11 剩下的生乳酪分成 2 等分後分別用湯匙倒入，抹平 (**照片 I**)。放冰箱冷藏凝固。

Point	要是抹平時生乳酪沾到模具的內側，用紙巾擦掉讓表面維持水平。

12 裝飾。參考 73 頁脫模。將兩邊稍微切掉一點，切成 5 等分 (**照片 J**)。

Point	斷面即為裝飾，所以要切得很漂亮。切蛋糕時，用瓦斯爐的火將刀加熱再切，每次都用紙巾擦拭刀刃。

13 在鮮奶油中加入砂糖打成 8 分發 (立起尖角的程度)，放入裝好玫瑰花嘴的擠花袋中。在切好的生乳酪上擠成波浪狀 (**照片 K**)。

Point	花嘴較扁的一端朝上，將擠花袋微微往手邊 (自己的方向) 傾斜拿著。用同樣的速度左右蛇行移動擠出。

14 放巧克力裝飾即完成 (**照片 L**)。

Point	將巧克力裝飾上色時，溶解巧克力用的色素 (黃色)，用刷毛在玻璃紙上隨意上色。在上方參考 74 頁倒下調溫好的白巧克力。

G

H

I

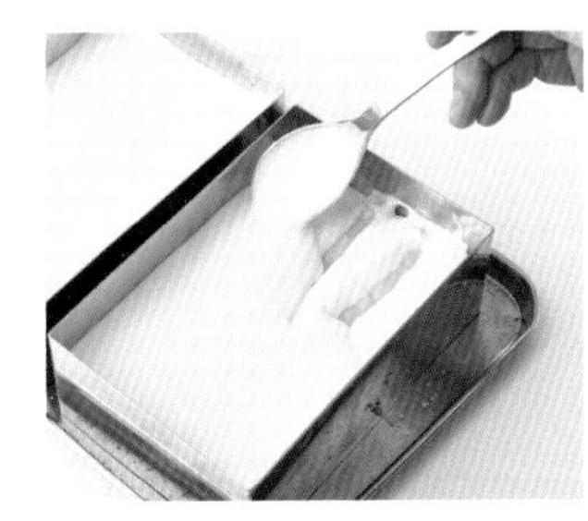

J

K

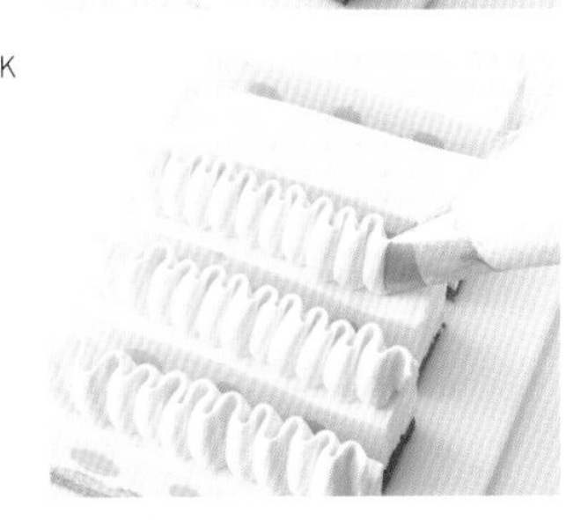

L

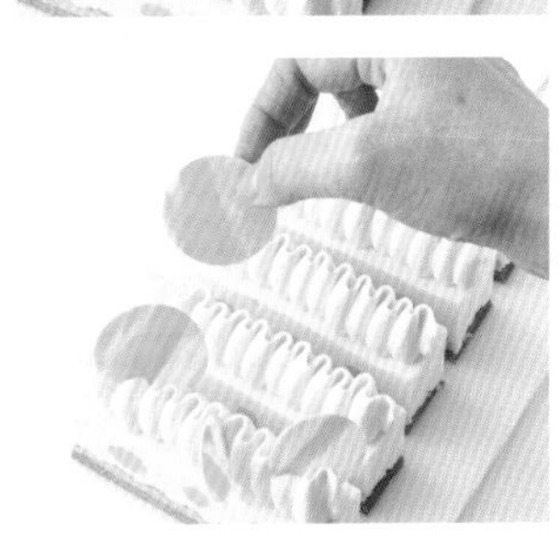

雷瑙

Lenau

在香濃的甜塔皮基底上，放了添加柳橙柑橘醬的紅茶巴伐利亞。周圍用放了杏仁碎的顆粒巧克力做成外皮，上方放鬆軟的牛奶巧克力鮮奶油，以及口感薄脆的薄巧克力裝飾，組合了好幾種口感裝飾的要素製作而成。好吃的重點在於將甜塔皮與巧克力外皮做得很薄，擠很多鮮奶油，調整好部位的份量與口味的平衡。

材　料　直徑 6 cm、高度 2.4 cm圓形圈模 4 個份

茶香巴伐利亞

- 水……30g
- 伯爵茶茶葉……5g
  （打碎的茶葉）
- 紅茶粉……2g
- 牛奶……70g
- 砂糖……30g
- 蛋黃……1 顆
- 吉利丁粉……4g
  （先加入冰水 20g 泡開）
- 鮮奶油……70g

柳橙柑橘果醬……20g

橙皮屑……少許

甜塔皮　（使用一半份量）

- 不含鹽奶油……35g
- 糖粉……25g
- 蛋黃……1 顆
- 伯爵茶茶葉……3g
  （打碎的茶葉）
- 低筋麵粉……70g

外皮

- 淋面巧克力（牛奶）……50g
- 牛奶巧克力……50g
- 沙拉油……20g
- 杏仁碎……15g
  （先烘烤到稍微上色為止）

巧克力香緹

- 甜巧克力（可可脂含量 55%）……40g
- 鮮奶油……80g

裝飾

- 鮮奶油……約 60g
- 砂糖……5g
- 柳橙皮細絲……適量
- 金箔、巧克力裝飾（參考 74 頁）……皆適量

※ 先將巧克力切碎，或使用巧克力豆。

甜塔皮

用菊花模壓出造型，做成華麗的基底。擀得很薄做成輕盈口感，強調巴伐利亞的滑順感。添加伯爵茶茶葉更加加強巴伐利亞的紅茶風味。

2 種鮮奶油

放上巧克力香緹擠花與橄欖型鮮奶油，替蛋糕滋味增加輕盈感。外觀也增加份量、變得很華麗。

放了杏仁碎的淋面巧克力

加入堅果為口感增加點綴。添加沙拉油後使巧克力帶有流動性，就能做出很薄的外皮，變成方便食用的硬度。

製作方法

1 製作茶香巴伐利亞。將水、伯爵茶茶葉、紅茶粉放入鍋中煮沸。加牛奶再次煮沸後蓋上蓋子，關火悶30分鐘以上(**照片** A)。用濾茶網過濾，測量70g倒入鍋中，慢慢煮沸。

> **Point** 請先將茶葉和水煮沸，茶葉展開後再加入牛奶。注意如果剛開始就放牛奶，沒辦法充分萃取茶葉的香氣與味道。

2 在調理盆中混合砂糖與蛋黃，加入一半份量步驟 **1** 的紅茶牛奶並充分攪拌。倒回鍋中開小火，一直攪拌並加熱到稍微增加濃稠度 (**照片 B**)。關火加入泡開的吉利丁溶解。

3 移到調理盆泡冰水，邊攪拌邊降溫。開始增加濃稠度後從冰水中取出，加入打到 7 分發 (提起來立起彎角的程度) 的鮮奶油中攪拌在一起 (**照片 C**)。

4 在方盤上鋪保鮮膜並放圈模，將茶香巴伐利亞分成 4 等分倒入圈模中。將加了柳橙皮屑的柳橙柑橘醬放在正中央輕輕壓入 (**照片 D**)。放入冰箱冷凍凝固。參考 73 頁脫模，在裝飾步驟前都先放在冷凍中。

5 烤基底。參考 111 頁製作甜塔皮。在這個步驟加入低筋麵粉、糖粉和伯爵茶茶葉製作。冷藏靜置 1 個小時後分成 2 等分，在烘焙紙上灑上手粉 (份量外) 並用擀麵棍擀成 2~3 mm的厚度。用直徑 7.3 cm的壓模 (菊花模) 壓出明顯的模具的壓痕，不須從烘焙紙上取下直接放在冷凍冰 10 分鐘左右讓麵團定型。

> **Point** 如果甜塔皮太厚的話，小心變得太硬而無法用叉子吃。剩下一半份量也可以冷凍保存。

6 翻面撕掉烘焙紙，將壓好造型的麵團放在烘焙紙上。用叉子在麵團上均勻戳洞，連同烘焙紙一起放在烤盤上用 180 度的烤箱烤 10 分鐘左右 (**照片 E**)。

> **Point** 像 (照片 E) 一樣鋪洞洞烤墊取代烘焙紙烘烤的話不需要用叉子戳洞。均勻烤到帶有美味烤色為止。

7 裝飾。將所有外皮的材料混合後隔水加熱溶解 (**照片 F**)。移到巴伐利亞泡得進去的小又深的容器中。

> **Point** 添加沙拉油增加流動性，可以做出薄外皮。而且冷卻凝固後不會變得太硬，做出剛剛好的口感。注意如果巧克力直接放入大調理盆，巴伐利亞無法完整泡到邊緣。

A

B

C

D

E

F

G

8 在凍好的巴伐利亞上面用叉子插好，將淋面巧克力沾到巴伐利亞的邊緣。上面請不要沾到 (**照片 G**)。

9 馬上提起朝上，傾斜並輕輕地小幅度搖晃，將剩下的淋面抖落下半部的邊緣 (**照片 H**)。

Point	因為蛋糕本體很冰所以淋面會馬上凝固。重點是放入後迅速提起，並抖落多餘份量。

10 將叉子輕輕從巴伐利亞中拔出，將巴伐利亞放在叉子上再放到步驟 **6** 的甜塔皮的正中央 (**照片 I**)。

Point	並非固定叉子將巴伐利亞往上拔出，而是單手放在巴伐利亞的底部，從下方輕輕拔掉叉子才不會失敗。

11 製作巧克力香緹。將巧克力隔水加熱溶解，調節到 40~45 度左右。將鮮奶油打成 7 分發 (提起來立起彎角的程度)。

12 將一半份量的鮮奶油加入巧克力中，用打蛋器攪拌均勻。加入剩下的一半份量，用從下往上撈的方式均勻攪拌。注意不要過度攪拌 (**照片 J**)。

Point	注意牛奶巧克力溫度太低，或鮮奶油沒有打到硬性發泡的話巧克力歐蕾香緹的成品會很乾燥。鮮奶油太軟擠出時會塌陷。最後過度攪拌的話會很乾燥，所以大略拌好後就請換成橡膠刮刀。

13 放入裝好羅蜜亞花嘴 (參考 17 頁) 的擠花袋中，擠在步驟 **10** 的上面 (**照片 K**)。放圓盤狀的巧克力裝飾，再擠出巧克力香緹 (**照片 L**)。

14 裝飾橄欖型奶油。在鮮奶油中加入砂糖打成 9 分發 (立起堅硬的尖角，開始帶有一點點毛邊的程度)。湯匙泡入熱水中加熱，將湯匙橫放撈取鮮奶油 (**照片 M**)，做成橄欖造型後放在步驟 **13** 的正中央 (**照片 N**)。

Point	如果鮮奶油太軟，或湯匙加熱不足就無法漂亮地撈起。橫拿湯匙，一開始朝下挖取鮮奶油的表面再輕輕撈起。放上時請小心地放在羅蜜亞擠花的正中央。

15 將切成細絲的柳橙皮放在橄欖型奶油上，裝飾金箔。

H

I

J

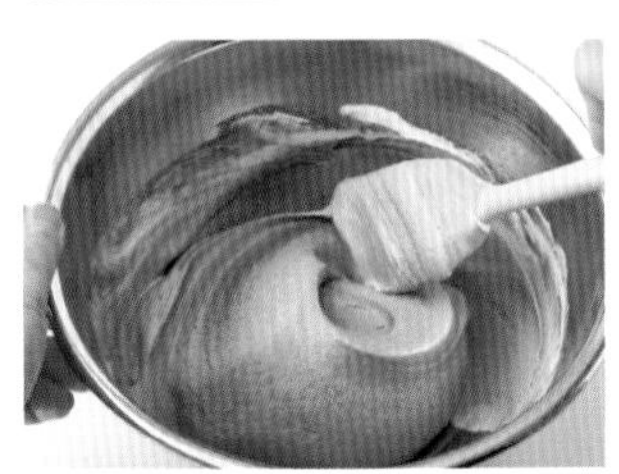

K

L

M

N

Happiness
un bon
Friand
gâteaux délicieux

諾倫

Norn

將椰子風味的濃厚生乳酪與酸甜的莓果慕斯組合，把擠成水滴狀的椰子餅乾黏在側面，做成了華麗的法式蛋糕。外側酥脆、裡面鬆軟的餅乾，有達到為冰涼滑順的慕斯轉換味道的效果。在上面擠大量鮮奶油，裝飾草莓做成經典的聖誕蛋糕造型。

材　料　　直徑 15 cm圓形圈模 1 個份

紅色慕斯（用直徑 12 cm圓形圈模製作）

- 冷凍草莓果泥（解凍）……40g
- 冷凍覆盆莓泥（解凍）……25g
- 砂糖……15g
- 吉利丁粉……2.5g
  （先加入冰水 12.5g 泡開）
- 鮮奶油……40g

冷凍覆盆莓……30g

手指餅乾

- 蛋白……1 顆份（40g）
- 砂糖……30g
- 蛋黃……1 顆
- 低筋麵粉……30g
- 椰子細絲……適量
- 糖粉……適量

椰子生乳酪

- 奶油乳酪……100g
- 砂糖……30g
- 椰奶粉……20g
- 牛奶……30g
- 吉利丁粉……3g
  （先加入冰水 15g 泡開）
- 鮮奶油……75g

裝飾

- 鮮奶油……120g
- 砂糖……10g
- 草莓、覆盆莓、紅醋栗……皆適量
- 防潮糖粉……適量
- 巧克力裝飾（參考 75 頁）、金箔、蛋糕插卡、裝飾……皆適量

椰子手指餅乾

替裝飾增加份量。灑椰子粉與糖粉烤好之後，外側酥脆、內裡鬆軟，成為口感的亮點。

鮮奶油

在濃厚的生乳酪中混合滑順的鮮奶油，更加入口即化。

莓果裝飾

純白裝飾上的鮮豔紅色水果很突出，增加華麗感。也有讓人聯想到慕斯滋味的效果。

製作方法

1 分別在直徑 12 cm的圈模和直徑 15 cm的圈模上鋪保鮮膜並用橡皮筋固定，製作底部。放在另一個方盤上準備好模具。

2 製作紅色慕斯。在 2 種果泥中加入泡開並用微波爐溶解的吉利丁後攪拌。連同調理盆一起泡冰水，稍微增加濃稠度，加入打成 6 分發（提起打蛋器後會黏稠地滴落的程度）的鮮奶油並攪拌在一起（**照片 A**）。

3 將紅色慕斯倒入直徑 12 cm的圈模中抹平，輕輕剝開灑上冷凍覆盆莓（**照片 B**）。放在冰箱冷凍凝固。

Point	冷凍之後比較方便組裝，先冰鎮到完全凝固為止。

4 參考 110 頁製作手指餅乾。用 10 mm圓形花嘴在烘焙紙上擠出 1 片直徑 15 cm的圓形餅乾，剩下的全部擠成長度約 5 cm的水滴狀。在水滴狀餅乾上灑椰子細絲，從上方用濾茶網灑大量糖粉（**照片 C**）。

Point	斜拿擠花袋擠成水滴狀，擠出足夠寬度和份量成品就會很可愛。灑大量糖粉後讓麵團變得不容易塌陷。

5 用 180 度的烤箱烤 10~12 分鐘左右。烤好後馬上從烤盤中移出，蓋上烘焙紙放涼以防止乾燥。翻面輕輕取下烘焙紙，翻回正面將底部用餅乾的周圍切齊，切得比模具稍微小一點。

6 製作生乳酪麵糊。將放在室溫下軟化過的奶油乳酪拌好，按照順序加入砂糖、過篩好的椰奶粉、牛奶、泡開溶解的吉利丁，每次都要充分攪拌。加入打成 6 分發（提起打蛋器後會黏稠地滴落的程度）的鮮奶油，整體攪拌均勻（**照片 D**）。

Point	將生乳酪麵糊做成黏稠滴落的程度後，更方便倒入模具中。

7 在直徑 15 cm的圈模的正中央放圓形的餅乾。參考 73 頁將紅色慕斯脫模後，放在餅乾上（**照片 E**）。

8 一口氣將生乳酪麵糊倒入空隙當中（**照片 F**），馬上連同模具一起在桌面上輕敲震出空氣，抹平。放冰箱冷藏凝固。

Point	因為紅色慕斯已經結凍，所以倒入生乳酪後馬上開始凝固。重點是做成偏軟的生乳酪麵糊，從周圍一口氣倒入很快排出空氣讓成品沒有空隙。

A

B

C

D

E

F

9 參考 73 頁脫模。將鮮奶油與砂糖打成 8 分發（立起尖角的程度），用抹刀薄塗在上方（**照片 G**）。

10 將鮮奶油放入裝好聖多諾黑花嘴 (25 ㎜型）的擠花袋中，在蛋糕的邊緣擠成放射狀（**照片 H**）。

11 擺放去掉蒂頭的草莓，裝飾覆盆莓與紅醋栗（**照片 I**）。

12 用糖粉篩將防潮糖粉輕輕灑在水滴狀餅乾上（**照片 J**）。

13 在餅乾的背面用抹刀少量塗抹步驟 **10** 剩下的鮮奶油，黏貼在蛋糕的側面（**照片 K**）。

14 將塑形巧克力回復至室溫，用擀麵棍擀成扁平狀。用雪花模具壓出造型，放到冰箱冷藏凝固後再裝飾（**照片 L**）。裝飾金箔、蛋糕插卡、裝飾片即完成。

G

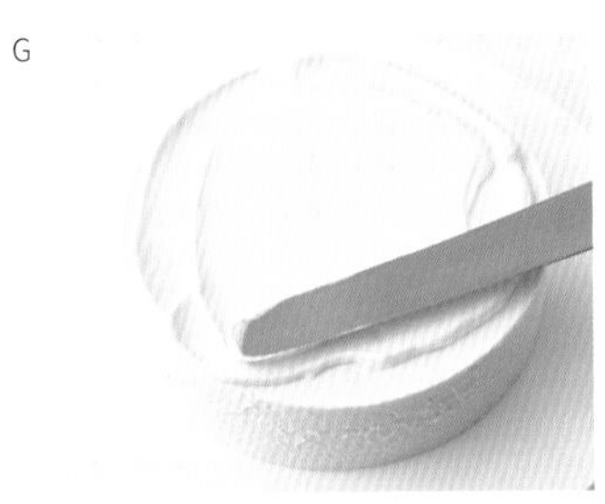

H

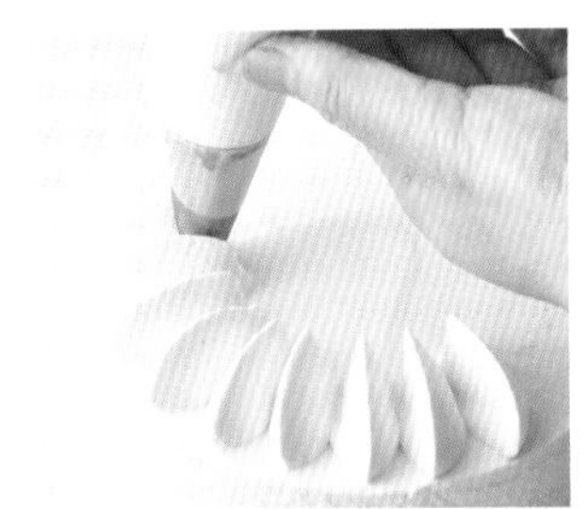

I

J

K

L

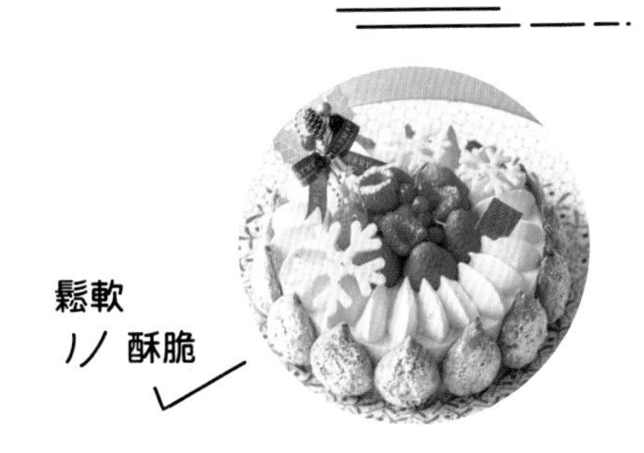

基礎蛋糕體與奶油的作法

這裡介紹基本的配方。依蛋糕不同，有時候配方會改變，所以請按照各食譜指示準備、整型並烘烤。

手指餅乾

材　料

蛋白……1 顆份
砂糖……30g
蛋黃……1 顆
低筋麵粉……30g

製作方法

1　將蛋白放入調理盆，用手持式攪拌機的高速打發。開始增加份量，黏在攪拌機尾端後，分 2 次加入砂糖。打發成堅硬、有光澤的蛋白霜。

2　加入蛋黃，拆下 1 根手持式攪拌機的打蛋器，大略輕輕攪拌。不須完全拌勻也可以 (**照片 A**)。

3　過篩加入低筋麵粉。過篩麵粉時，用橡膠刮刀壓著灑下就不會飛濺出來。

4　邊轉動調理盆，邊用橡膠刮刀從下往上大幅度攪拌。攪拌到看不到殘粉的程度結束。蛋白霜還有點不均勻的狀態也可以，不要攪拌過度 (**照片 B**)。

5　參考各食譜整型、烘烤 (**照片 C**)。烤好後從烤盤中取下，蓋上烘焙紙放涼以防止乾燥。

A

B

C

法式杏仁海綿蛋糕

材　料

蛋白……50g
砂糖……30g
全蛋……35g
糖粉……25g
杏仁粉……25g
低筋麵粉……22g

製作方法

1　將砂糖加入蛋白中，用手持式攪拌機的高速打發。打發成高密度、黏稠的堅硬蛋白霜。

2　在另一個調理盆混合全蛋、糖粉、杏仁粉，用手持式攪拌機攪拌到黏稠反白為止。

3　將一半的蛋白霜加入步驟 **2** 中，用橡膠刮刀大略混合 (**照片 A**)。過篩加入低筋麵粉，從下往上大幅度地攪拌到看不到殘粉為止 (**照片 B**)。

4　混合剩下的蛋白霜，攪拌均勻。注意不要攪拌過度壓壞蛋白霜的氣泡 (**照片 C**)。

5　將麵糊放在烘焙紙上，用 L 字抹刀抹成各食譜指定的大小後，烘烤。抹平時請盡量抹成一致的厚度 (**照片 D**)。烤好後馬上從烤盤中移出，蓋上烘焙紙放涼以防止乾燥。

A
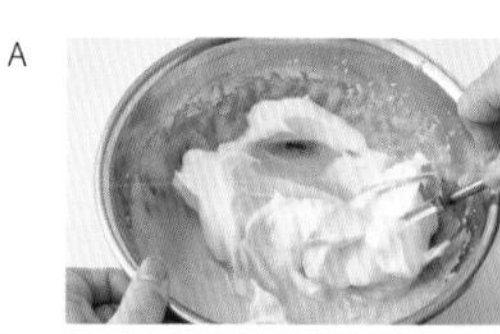
B

C

D